POLYTECHNIC SCIENCE

技能科学入門

ものづくりの技能を科学する

PTU技能科学研究会 ● 編

日科技連

まえがき

　本書のタイトルである「技能科学」は，案外これまでになかった新しい用語である．技能を発揮する対象である作業や動作については，20世紀初めの科学的管理法で知られるテイラー以降，作業分析などのIE（インダストリアルエンジニアリング）などの科学的あるいは工学的アプローチが存在した．

　技能を英訳するとスキル（skill）やテクニック（technique）となるが，何か技能という言葉にはそれ以上の日本特有の深みがあるように思える．それは「匠の技」や「技を究める」といった習得には長い年月を要すだけでなく，客観化や標準化が困難な暗黙知に支えられ，無限遠点に向けての習得過程自体を重視する「道」といったニュアンスを伴うからであろう．

　今，技能科学を提唱する背景には，第4次産業革命に突入しすべてのものがつながるIoT，そしてAI（人工知能）やBD（ビッグデータ）の活用がある．また，2016年4月に策定された今後5年間の職業能力開発施策の方針を示した厚生労働省の第10次職業能力開発基本計画でも，このような新技術の利活用を前提とした「生産性向上に向けた人材育成戦略」が謳われている．

　個人の技としての技能がつながるためには，技能を科学し，技能の見える化やデジタル化が不可欠である．そしてそれが普遍的な技術になり，さらにはAIと組み合わせることにより，人間の能力を飛躍的に高める「人間拡張」といった新たな価値を創造する技能の高度化にもつながる．また，職業訓練などの技能の習得のスピード化・効率化にもつなげることができる．

　技術を科学する科学は，自然科学あるいは自然科学にもとづく工学だけではない．むしろ20世紀になって興った人間を含む「人工物の科学」が威力を発揮する．認知科学，コンピュータサイエンス，人間情報学，IEを含む社会システム科学などである．AIも人工物の科学の所産である．そこでは対象とする人間あるいは人工物自体の内部環境と外部環境との相互作用を決めるインタフェースが着眼点となる．それによりパフォーマンスが決まるからである．

本書では，ものづくりに求められる技能に対して，その見える化のためのアプローチとして，工学に加えて前述した社会システム科学，教育学や人間情報学などの人工物の科学の方法論の適用を紹介し提唱する．また，加えてその対象として匠の技や技能五輪優勝者の技に加えて，弱者への支援の立場，そして職業能力開発のスピード化・効率化への事例を紹介する．さらに，職業能力開発研究の立場から国による違いや歴史を踏まえて，「新たな職業を創造する」という目標を技能科学の目指す方向として掲げ，締めとした．

　全19章からなる本書の執筆者は，職業大(Polytechnic University：PTU)のPTU技能科学研究会のメンバーである．もともとは「職業能力開発学とは何か」を議論する研究会であり，議論の過程で自然発生的に「技能科学」という言葉が生まれた．PTUは筆者ら以外にも多くの技能科学の範疇に入る研究者を擁する．2017年10月に開催した職業大フォーラムでは技能科学のオーガナイズドセッションを開催し好評を得た．本書の上梓を契機に，PTUが技能科学のCOE(Center of Excellence)となるべく研究を加速化させていきたい．

　なお，単なるスキルでは言い表せない技能を対象とする技能科学の英訳として，多くのスキルやテクニック・知識からなる技能を対象とした科学，Polytechnic Scienceを使用したいと考えている．*Oxford Dictionary of English Etymology*によれば，polytechnicの原義は，"dealing with various arts"であり，artは1.2節で述べるように本来techniqueと同じ意味をもっていることに留意されたい．これについても是非，今後議論していきたい．

　最後に，本書の出版を快くお引き受けいただいた日科技連出版社の田中健社長，編集の労をとっていただいた鈴木兄宏氏に，深く謝意を表す．また，研究会の立ち上げなどのきっかけをいただいた前PTU副校長で，労働政策研究・研修機構統括研究員の千葉登志雄博士にはこの場を借りて謝意を表したい．

2018年1月

PTU技能科学研究会

技能科学入門　目次

まえがき　*iii*
著者一覧　*x*

第1章　技能科学総論—技能，技術そして科学　　*1*
1.1　第4次産業革命と匠の呪縛からの飛躍　*1*
1.2　技能，技術，科学，特に人工物の科学　*3*
1.3　技能パフォーマンスのメカニズムとスキル獲得の過程　*7*
1.4　技能科学の役割　*9*

第2章　技能の見える化①—IE的アプローチ　　*11*
2.1　IEにおける見える化　*11*
2.2　工程分析　*12*
2.3　動作分析　*12*
2.4　カン・コツ排除の分析と標準化　*14*
2.5　IE的アプローチによる技能の見える化　*16*

第3章　技能の見える化②—身体性認知科学的アプローチ　　*17*
3.1　技能の見える化をどう考えるか　*17*
3.2　身体性認知科学とは　*18*
3.3　身体性認知科学的アプローチの研究事例　*21*
3.4　今後の展望　*24*

第4章　技能五輪における技の見える化—言語プロトコル・教育工学　　*25*
4.1　技能の国際標準　*25*
4.2　熟練技能の見える化と認知科学　*26*
4.3　認知負荷が技能習得に与える影響　*32*

第5章　技能伝承の容易化―習熟理論 ―― 35
- 5.1　技能と習熟 ―― 35
- 5.2　対数線形モデルによる習熟の表現 ―― 36
- 5.3　要素技能への分解と習熟過程 ―― 38
- 5.4　今後の展望 ―― 42

第6章　知識・技能・技術のモデルデータ化 ―― 43
- 6.1　技能・技術伝承の深刻化 ―― 43
- 6.2　仕事・作業のモデル化 ―― 44
- 6.3　属人的ノウハウのデータベースへの組込み ―― 46
- 6.4　知識・技能・技術のデジタル化とモデル化の流れ ―― 48

第7章　職業教育訓練のスピード化―VR，AR技術の活用 ―― 49
- 7.1　背景 ―― 49
- 7.2　VR，AR技術とは ―― 49
- 7.3　職業教育訓練の特徴 ―― 51
- 7.4　職業教育訓練の効果 ―― 51
- 7.5　職業教育訓練のスピード化に向けた今後の課題と展望 ―― 54

第8章　技能の普遍化の工学的アプローチ①―自動化設備を支える技能とその応用 ―― 55
- 8.1　メカトロニクス技術の概要 ―― 55
- 8.2　メカトロニクス技術・技能教育の現状 ―― 55
- 8.3　技能の教育方法 ―― 56
- 8.4　技能の評価 ―― 57
- 8.5　メカトロニクス技術を応用した技能科学 ―― 59

第9章　技能の普遍化の工学的アプローチ②―高齢者・障害者の生活を支える匠の技 ―― 61
- 9.1　福祉工学の役割と課題 ―― 61
- 9.2　義肢装具士の匠の技と工学的アプローチ ―― 62
- 9.3　福祉工学におけるICTの利活用 ―― 65

第 10 章　技能の普遍化と工学的アプローチ③—電気分野における技能の定量化・形式知化 ———— 67

10.1　電気技術の発展の経緯と要求される技能 ……………… 67
10.2　技能の定量化・形式知化に向けた取組み ……………… 68
10.3　今後の展望 ……………………………………………… 71

第 11 章　技能の普遍化と工学的アプローチ④—材料・器具および工具開発による省力化 ———— 73

11.1　電気工事の技能と特徴 ………………………………… 73
11.2　材料・器具および工具の開発による省力化 …………… 75
11.3　施工方法の進歩による省力化 ………………………… 78
11.4　今後の電気設備と電気工事 …………………………… 78

第 12 章　技能の普遍化の工学的アプローチ⑤—光をプローブとした計測技術 ———— 79

12.1　最新の計測光学技術 …………………………………… 79
12.2　レンズ研磨加工技能の登場と顕微鏡・望遠鏡の発明 … 81
12.3　レンズ製造技術の高度化と新たな技能の誕生 ………… 83
12.4　近代化された光学機器メーカーの誕生 ………………… 84
12.5　レーザー干渉計測光学技術の誕生 …………………… 84
12.6　計測光学技術の今後のゆくえ ………………………… 85

第 13 章　技能の普遍化の工学的アプローチ⑥—複合材料とエコマテリアル ———— 87

13.1　材料開発における技能的手法—複合材料とは ………… 87
13.2　これからの材料開発—エコマテリアルとは …………… 88
13.3　低負荷循環型エコマテリアルの開発例—ウッドセラミックス（炭素／炭素複合材料） ……………………………………………… 89
13.4　技能を補完するウッドセラミックスの使用例 ………… 91
13.5　今後の材料開発 ………………………………………… 93

第14章 技能の普遍化の工学的アプローチ⑦―平削り加工の切削面性状の評価技術 —— 95
- 14.1 平削り加工の技能 …… 95
- 14.2 切削面性状の特性 …… 97
- 14.3 切削面性状の評価技術 …… 98
- 14.4 技能から技術へ …… 101

第15章 技能の普遍化の工学的アプローチ⑧―打音検査と構造損傷検出技術 —— 103
- 15.1 打音検査の技能 …… 103
- 15.2 応答データ …… 103
- 15.3 構造ヘルスモニタリングと逆問題 …… 104
- 15.4 技能から技術へ …… 110

第16章 機械との協働による弱点補完とキャリア形成 —— 111
- 16.1 背景 …… 111
- 16.2 就労移行支援員の能力形成過程 …… 111
- 16.3 多元的知能の世界と弱点補完 …… 112
- 16.4 訓練生のスキル特性をアセスメントする機能の実装 …… 113
- 16.5 今後の展望 …… 116

第17章 機械との協働による技能の高度化 —— 117
- 17.1 機械と人間の協働 …… 117
- 17.2 医療分野における機会との協働による技能の高度化 …… 119
- 17.3 スポーツ分野における機械との協働による技能の高度化 …… 119
- 17.4 産業分野における機械との協働による技能の高度化 …… 120
- 17.5 職業能力開発分野における機械との協働による技能の高度化 …… 121

第18章 「機械＋AI＋人」による新たな価値の創造 —— 125
- 18.1 産業構造の転換に向けて …… 125
- 18.2 ビッグデータの概要と利活用技術者 …… 125
- 18.3 ビッグデータの利活用と社会構造の変革 …… 126

18.4　わが国のものづくり企業の課題解決の方向性……………………………… *128*
　18.5　産業構造の転換点における人材育成と公共職業訓練………………………… *130*
　18.6　今後の展望…………………………………………………………………………… *131*

第 19 章　職業能力開発の教育研究と技能科学 ―――――― *133*
　19.1　わが国の職業訓練の発展モデルと海外との違い…………………………… *133*
　19.2　職業訓練指導員育成を目的とした教育モデル……………………………… *134*
　19.3　学問としての職業能力開発学の枠組み………………………………………… *135*
　19.4　職業能力開発学から手段としての学問，技能科学へ………………………… *136*

索　　引　　*139*
職業能力開発総合大学校について　　*141*

著者一覧

圓川　隆夫	校長　工学博士		第1章
横山　真弘	企業経営　助教　博士(工学)		第2章
不破　輝彦	心身管理・生体工学　教授　博士(工学)		第3章
菊池　拓男	情報通信　准教授　博士(工学)		第4章
奥　　猛文	品質・生産管理　助教　修士(理学)		第5章
原　　圭吾	職業訓練コーディネート　准教授　博士(工学)		第6章
舩木　裕之	建設施工・構造評価(RC)　助教　博士(工学)		第7章
市川　　修	メカトロニクス　教授　博士(工学)		第8章
池田　知純	福祉　准教授　博士(工学)		第9章
山本　　修	エネルギー変換　教授　博士(工学)		第10章
清水　洋隆	電気環境エネルギー　教授　博士(工学)		第11章
小野寺理文	電子制御・信号処理　教授　博士(工学)		第12章
柿下　和彦	マイクロ・ナノ　教授　博士(工学)		第13章
定成　政憲	木工・塗装・デザイン　教授　農学博士		第14章
遠藤　龍司	建築設備・構造評価　教授　工学博士		第15章
藤田　紀勝	国際・地域支援　助教　博士(工学)		第16章
塚崎　英世	建築施工・構造評価(木造)　准教授　博士(工学)		第17章
遠藤　雅樹	情報通信　助教　博士(工学)		第18章
谷口　雄治	職業能力開発原理　教授　博士(教育学)		第19章

注)　氏名の後は所属ユニット(研究室)を表す．

第 1 章

技能科学総論
技能，技術そして科学

1.1　第4次産業革命と匠の呪縛からの飛躍

「道」に見る未完の美と継続的改善

　日本は古来職人の技が尊敬され，世界でも珍しい重職主義の国といわれる（司馬，1993）．手足を使う「労働はよろこび」であり，「労働は罰」というキリスト教圏や，「身を労することはいやしく小人，心を労するものは君子」とする儒教圏とは大きく異なる．加えて，欧米の「足の文化」に対して日本は「手の文化」と言われるように（清水，1984），器用な手がその源泉にあり，併せてキリスト教やイスラムの絶対神の相対として，労働に用いる使い慣れた道具や機械にも生命や神が宿るというような繊細で敬虔な心情が労働観の背景にある．

　近年になっても特にものづくりの分野では職人の技は「匠の技」として重視されてきた．いくらコンピュータで制御された機械でつくっても，最後の仕上げは人の手，ミクロン単位の誤差を指で感じとれるような技である．それは個人の精進と修練によって得られるものであり，暗黙知に支えられ簡単には伝承できないものである．武士道や芸道の「道」にも通じるものがあろう．道とはプロセス・過程であり，武士道，茶道はどこへ行く道かというと，剣や茶を媒介として「悟り」という無限遠点に向かう努力の過程であり，いつでも未完成という過程自体に意味や美しさがある．

　今や"Kaizen"という言葉でそのレベルはともかく，世界の現場に広がっている改善も同じである．不良ゼロ，故障ゼロ，遅れゼロという論理上不可能な目標に向かって，Plan, Do, Check, Act のサイクルを回しながら継続的に改善する努力であり，決して容易なものではない．「道」を受け入れられる日

本でこそ生まれ，実践できたのであろう．いわば，不合理の合理，すなわち目標達成は不可能であっても，その努力の過程で圧倒的な高品質や高い効率を達成でき，1990年頃までの工業化社会において覇者となる原動力となった．

匠の呪縛

ところが今，ものづくりは，道具から機械，機械から工場，システム，サプライチェーン（供給連鎖）へ，そして第4次産業革命に至りリアルからバーチャルな世界を含めてすべてのものがつながるIoT（Internet of Things）に，価値創造の源泉が移行しようとしている．木村（2009）は，工業化社会からシステムの時代になった時点で，熟練や経験といった匠の技に頼り，ソフトウェアや普遍的な枠組みや理論を苦手としてきた日本の状況を，「匠の呪縛」として"ものづくり敗戦"という表現で警鐘を鳴らしている．

2016年秋に日本生産性本部が発表した労働生産性の日米比較は，国を挙げて驚かせた．2010年から2012年における時間当たり生産性は，米国を100としたとき，日本はサービス業で平均50，製造業でも平均70というものである．現場レベルでの匠の技や改善努力の強みはどこに隠れてしまったのだろうか．

生産性を上げるためには，分母の投入資源の量（時間）を少なくし，分子の提供する製品・サービスから受け取る対価，すなわち価値が大きいほど望ましい．分母については，日本は匠の技とも関係して標準化が弱く何でもカスタマイズしてしまうため投入資源が過剰になり，かつ木村が指摘しているようにソフトウェア，ICT（Information and Communication Technology：情報通信技術）の効果的な利活用を難しくしているという問題が挙げられる．

一方，分子については，ガラパゴス化といわれるようにいくら高品質であってもそれが当たり前で，一部の先端技術を除いて，その分の対価が支払われていないことで説明される．その背景にはターンキーソリューションと呼ばれるように，設備や機械の高性能化によってそれを活かす技能を伴わなくても，そこそこの品質のものができるようになったことも一因であろう．

匠の技を科学することが日本の強みに

それでは改善努力の必要性は不変にしても，システムからさらに第4次産業

革命，IoTの時代に匠の技に代表される技能を再び輝かせ，生産性を高めるにはどのようにしたらよいだろうか．わが国の労働人口の減少という構造的問題や働き方改革による労働時間短縮の課題を乗り越えるためにも，「匠の技」を活かした生産性向上が，今後の日本の成長を考えるうえで喫緊の課題である．

「つなぐ」，「代替する」，「創造する」のキーワードで語られるIoTの時代には，すべてのものが「つながり」，機械やロボットに置き換えられるものは「代替する」ことで圧倒的な効率を実現し，最終的に顧客が期待するものを含むことの価値を「創造する」ことで，生産性革命の実現を目指すものである．その第一歩である「つながる」ためには，暗黙知で支えられてきた「匠の技」も見える化することが必要不可欠である．

本書の狙いは，今まで暗黙知に支えられてきた「匠の技」や高度な技能を「科学する」という新たな実践的学問を提起するものである．これにより，「より生産性の高い技能や技術への転換」，その結果として「新しい価値を生むキャリア（職業）への組み換えや創生」を可能にし，日本が直面する構造的問題を乗り越え，IoT時代に向けて生産性向上や，日本の強みを引き出し成長の糸口を与えることを企図したものである．

1.2 技能，技術，科学，特に人工物の科学

技能，技術，職人の歴史的意味の変化

技能，技術という言葉は日常語としても古くから使われている．両者は中国前漢時代に司馬遷による『史記』にも出てくることから中国伝来の言葉と思われる．『時代別国語辞典室町時代編』（室町時代語辞典編集委員会，2000）によると，技能は「人間がある物事をたくみにこなす能力」，技術は「熟練した腕前」という意味で，室町時代には既に存在していたようであるが，両者の使われ方はほぼ同じようなものであったことがわかる．

一方，渡部（1992）によれば，技術（あるいは芸術）を表す英語の語源は，ラテン語のars（アルス）系とギリシャ語のtechné（テクネー）に分かれ，現在のartあるいはtechniqueになり，芸術と技術は不可分のものであったらしい．現在の技術を『広辞苑』で引くと，室町時代からの意味に加えて，techniqueの立場から「科学を実地に応用して自然の事物を改変・加工し，人間生活に役立て

るわざ」という定義が加わり,「技芸を行ううでまえ．技量」である技能と峻別されるようになってきた．

なお，技術，技能を発揮する人である職人という言葉も，吉田(2013)によれば，室町時代までは医師や物売りまで含み，室町時代から戦国時代の16世紀頃には，工匠や匠などの手工業を指すようになったという．これは，現在に至る日本建築の様式や多くの生活習慣，作法，あるいは共通語が，室町後期をルーツとしていることと軌を同じくする．

学術の立場からの技能と技術の違い

それでは本書で取り扱う学術的な立場からの技能と技術の違いは何か．多くの定義を調査によってまとめた森(1996)の報告によれば，技能は人間がもつ「技」に関する能力であり，一方，技術は「技」を記録にし，伝えるように図面，数式，文章など何らかの表現に置き換えられたものを指す．したがって，技能は主観的であり伝承なくしては消えてしまうのに対して，技術はその伝承や流通が容易でその速度も格段に速い．

人間はホモ・ファーベル(工作するヒト)と呼ばれるように，技から道具をつくり出しそれを使うことから始まった．産業革命は道具を機械に変え，それが逆に機械を使いこなす新たな技能が求められるという進化を繰り返してきた．機械をつくる技術は，機構や仕掛けがすべてわかっていなくてもよく，技術が生み出す機械やシステムは常に未知の部分をつくり出しそれを内部に残しながら発展し，それを補完する技能が新たに生まれてきた．

一方，産業革命まで科学と技能，技術は無関係だったという．ちなみに紡績技術や蒸気機関の発明は，競争や労働力不足といった社会ニーズにより生まれたものであり，それを担ったのは科学者ではなく，蒸気機関を発明したワットは大学の技官であり，職人であった．職人の最大の能力は，開発と製作を同時に行うことができるところにある．

科学，そして技術との結びつき

科学という日本語は明治維新初期に入ってきたscienceの訳語として創作され，もととなる英語のscienceの歴史もそれほど古くない．ニュートンの時代

には現在の意味の科学あるいは科学者の言葉はなく，自らの研究を自然哲学と呼んだといわれる．

渡部(1992)によれば，サイエンスの語源は，ラテン語のスーキレ(scire：知る，分ける)からきたスキエンティア(scientia：知識)で，古代フランス語のシャンス(science)を経て，14世紀中頃に英語となる．しかしながら，今日の科学の意味が確立するのは18世紀後半頃といわれ，科学者，scientistという言葉が初めて登場するのは19世紀半ばという．

事象を分ける(分析する)ことによって知り，それが知識となるという科学の語源は，ホモ・サピエンス(知恵のヒト)を象徴するものであるといえる．すなわち，科学は「世界とは何か，自然とは何であるか」というような哲学的な知識に対する探究心から生み出されてきたものである．

人間の営みを豊かにするための術として実学として発達してきた技能，技術と科学とを結びつけたのが，産業革命直後，1794年に創設されたフランスのグランゼコール(高等専門職業人養成機関)のエコール・ポリテクニクといわれる．その教育は，それまで無関係であった科学と技術を結びつけ，技術に合理的な基礎を与えるために物理学や化学などの自然科学と数学を取り入れた当時としては画期的なものであった．科学は技術にシーズと合理的な基礎を与え，また逆に技術は科学に解くべき問題を提起するという関係が築かれた．

技術と数学や自然科学との融合は，19世紀後半に欧米で相次いだ工科大学の設立につながる．ちょうどその頃は日本では西欧の科学と技術を輸入しようとした明治維新に重なり，科学と技術の乖離を意識せず，自然を対象としその法則を探求する自然科学と技術を一体化させた科学技術なる用語が生まれ，世界でも稀な大学設立と同時に工学部が最初から設立されたのである．

なお，工学，engineeringという用語も18世紀からの用語であり，それに先行して14世紀に登場したengineer(兵器を取り扱う人)を語源とする．また，工学には科学と異なり，人間・社会で利用されるという合目的を追求するという意味が内包されている．

人工物の科学の登場

20世紀になると自然科学から，ある目的をもって人がつくり出した人工物

(経済・社会システム，企業組織，製造システム，人間心理・行動など)を対象とした「人工物の科学」(Simon, 1999)が登場する．人工物は人間の目的に適合するものであり，人工物それ自体としての自然法則も内包した内部モデルと，人工物がその中で機能する外部環境(以下，環境)に分けられる．

　人工物がその意図された目的を達成するには，内部モデルと環境の相互作用を決める両者のインタフェースが重要であり，そこに着眼した科学が人工物の科学である．複雑なシステムを制御するコンピュータサイエンスや制御工学，また人と機械・システムのかかわりを対象とする認知科学や，最近特に注目を集めている AI(人工知能)などの人間情報学，さらにものづくりやサプライチェーン全体の効率化や最適化の理論的根拠やアプローチとして，オペレーションズ・リサーチ／マネジメントなどの社会システム科学も仲間に加わる．

　また人工物の科学は，自然科学が主に「分析」に携わるのに対して，望ましい性質をもった人工物をいかにつくり，デザインするかという「合成」という役割も担う．これこそ新たな価値をもつ人工物の創造につながる．

技能を科学する

　図 1.1 は，以降の各章で扱う技能の効率化・高度化や新たな価値創造に，科学や技術がどのように技能と関係するかを示したものである．

　伝承なくしては消滅してしまう技能を，科学を持ち込むことによって合理的な基礎を与え普遍化され技術にできる(**図 1.1** の矢印①，以下同様)．技術は科

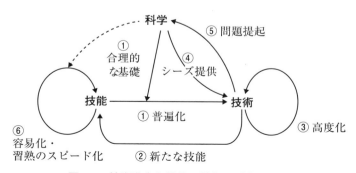

図 1.1　技術進歩と技能・技術・科学の関係

学とは異なり進歩することで逆に新たな複雑さや不確かさを生み出し，それを補完する技能が生まれる(②)．そして技術はそれ自身改良・改善により高度化するが(③)，科学により新技術開発のシーズが与えられる(④)．逆に技術により解かれるべき未知な課題が提起される(⑤)．また科学や技術を持ち込むことにより，技能の容易化や習熟のスピード化を図れる(⑥)．

「技能を科学する」とは，自然科学に立脚した工学や技術に加えて，前述の人工物の科学により，技能を見える化，デジタル化し普遍的な技術にすることによる効率化や，機械との組合せによる容易化・高度化や習熟のスピード化を図ると同時に，科学から触発されて新たな価値を創生する技術進歩に伴う新たな技能をデザインすることを意味している．

1.3 技能パフォーマンスのメカニズムとスキル獲得の過程

技能パフォーマンスのメカニズム

それでは技能という人間行動にかかわる人工物を科学するにあたって，技能パフォーマンスが発揮される内部モデルと(外部)環境のインタフェースに着眼してみよう．Rasmussen(1990)は，この技能パフォーマンスの発揮に際して，環境情報の処理との関係で，図1.2に示すような能動的で動的な内部モデルとして，3つの階層的なレベルを与えている．

① **スキルベースの行動**：行為や作業における感覚運動パフォーマンスであり，意図が表明されると，自動化され高度に統合化された滑らかな行動パターンとして，ほぼ意識的な制御を伴わずに実行される．

② **ルールベースの行動**：前もって経験的に獲得されているか，教示やレシピ的な手順として他人のノウハウから伝えられたルールや手続きによって意識的に制御される．

③ **知識ベース(モデルベース)の行動**：不慣れな状況において直面する環境に対しては，過去の経験による制御のノウハウやルールは存在しないため，より高次の概念レベルに移って，個人が所有する概念的・構造的モデルの知識のなかから有用なプランが選択され，その効果がゴールに対してテストされる．これは予測によることもあれば，物理的に試行錯誤によって行われる場合もある．

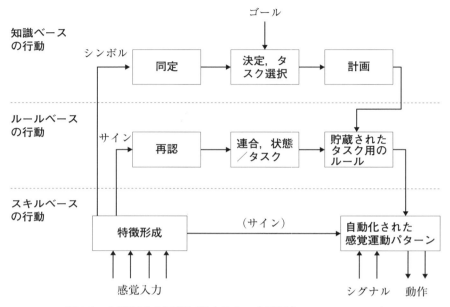

図 1.2　人間行動の制御に関する 3 つの階層 (Rasmussen, 1990)

　3 つの階層カテゴリー化に対応した環境から得られる情報の役割として，図 1.2 にも記載してあるシグナル，サイン，そしてシンボルがある．
　シグナルとは，環境の時空間的(スピードや位置など)振る舞いの感覚情報で，例えば計器や工作物の状況を連続的に追跡し反射的行動を導く情報である．サインとは，主にルールを活性化させる手掛かりとなる情報で，例えば計器や工作物の異常や仕上がり状況を判断するための感覚情報である．シンボルとは，環境の未知の振る舞いを予測したり説明したりするために行う因果的な推論を引き起こす知覚情報で，例えば計器や工作物が未知の挙動や経験したことのない困難な状況を示すような情報である．

技能スキルの獲得過程

　技能のスキル獲得の発達段階においては，高次レベルの活動に制御され監視される．その最終段階はスキルレベルであり，技能の熟達に伴い高次レベルの

活動は次第に減少し，知識やルールとしての基盤も退化する．

スキル獲得の初期の段階では，作業はそれぞれ別のサインからきわめて基本的な作業を制御するルールに関連づけられる．スキルが発達するにつれて，データのパターンとしてはもっと全体的な特性をもち，時間と状況といった側面に依存したサインが取り入れられるようになる．そしてルールも，作業要素ではなく，作業パターンに関連づけられるようになる．つまり，遂行すべき作業ではなく，ゴールによって意図が表されるようになる．そして最後には作業全体が自動化され，予想外の逸脱がない限りは，自覚を伴うことなく遂行される．

1.4　技能科学の役割

スキル獲得の過程から，熟達した人の技を"見える化"することは容易ではない．それはスキルレベルで行われるため，ルールや背後にある知識まで退化し，自ら技を客観的に説明することができなくなるからである．ここに「技能を科学する」ことの意義が存在する．特に社会システム科学や人間情報学のアプローチは，熟練者が暗黙裡に用いている環境条件に対応したルールや用いている知識を解明することに役立つ．また工学的アプローチはルール生成の背後にある知識や理論を，直接・間接的適用により普遍化するものである．

一方，ある技能についてスキル獲得の過程を究めてスキルレベルでこなせるようになっても技能習得の道は終わりではない．「匠の技」というようなレベルに到達するためには，現実の世界で起こるさらに高い技能への要請や，新たな技術や技能が要求されるような注文にも応えることが迫られるし，自ら未知のレベルや別の技能にチャレンジしようという意欲も生まれる．そうなるとまた知識ベースの推論やその背後にある理論を学ぶ必要性が生じる．

このような場面で必要とされるのが，工学的アプローチによる因果メカニズムを説明する理論の活用である．また，因果メカニズムの理論が存在しないときには，AIのサポートによる知識ベースレベルの推論が役立つと思われる．これは「匠の技」を技術や機械に置き換えるというよりも，「匠の技」をさらに高度化し新たなニーズに応える新しい価値を生む製品や技術を開発するという場面で有効であり，AIでいう「人間拡張」に相当する．一方，職業訓練の

初期の段階でAIや工学的アプローチを駆使したバーチャルの世界で技能を体験させ，職業訓練のスピード化を図ることも技能科学の役割である．

参 考 文 献

Rasmussen, J.(1990)：『インタフェースの認知工学』(海保博之，赤井真喜，加藤隆，田辺文也訳)，啓学出版．

Simon, H. A.(1999)：『システムの科学 第3版』(稲葉元吉，吉原英樹訳)，パーソナルメディア．

木村英紀(2009)：『ものつくり敗戦―「匠の呪縛」が日本を衰退させる』(日経プレミアシリーズ)，日本経済新聞社出版社．

司馬遼太郎(1993)：『この国のかたち 二』(文春文庫)，文藝春秋．

清水馨八郎(1984)：『手の文化と足の文化』，日本工業新聞社．

森和夫(1996)：「「技術」と「技能」に関する93人の定義」，『技能と技術』，1996年2号，pp. 59-64．

室町時代語辞典編集委員会(2000)：『時代別国語大辞典　室町時代編』，三省堂．

吉田光邦(2013)：『日本の職人』(講談社学術文庫)，講談社．

渡部昇一(1992)：『ことばコンセプト辞典』，第一法規出版．

第 2 章

技能の見える化①

IE 的アプローチ

2.1 IE における見える化

　IE は Industrial Engineering の頭文字をとった略称であり，生産性工学，産業工学とも呼ばれる．IE は，生産性の向上を目的とし，生産活動を対象にした人工物の科学のはしりともいえるアプローチである．今日の IE の発展や普及は，20 世紀初めに科学的管理法(Taylor, 2009)を発案し，経営学の始祖とも呼ばれるテイラー(F. W. Taylor)による功績が大きい．

　科学的管理法の本質は，作業をする際に効率化や合理化の原点である標準(standard)という概念を導入したことである．まず時間研究や作業研究により，ベストな作業手順を定め，熟練者がその手順に従って作業した場合の時間を標準時間(Standard Time：ST)とする．この標準時間に従って作業者の作業遂行を統制することによって，時間や品質のばらつきを抑え込むことによる生産性向上，一方，企業側からは標準時間という予測可能な工数把握による合理的な生産計画や納期管理，いわゆる「管理」を可能にした．

　時間研究や作業研究で用いられた時間観測などの科学的アプローチは，やがて作業を分解した動作にまで拡張される．その代表例が後述するギルブレス(F. B. Gilbreth)とその妻リリアン(Lillian)による動作分析や，動作まで分解するとかかる時間は普遍的になることを活用した一連の規定時間標準(predetermined time standard)法，そして効率化のための大原則，3S(標準化，単純化，専門化)などに結びついていく．

　このような IE における代表的な分析手法は，まさに生産現場における仕事や作業に対しての見える化を行っていることにほかならない．本章では，ものづくりの仕事や作業の見える化手法として工程分析，動作分析，そして技能や

カン・コツの見える化について考察する．

2.2　工程分析

ものづくりにおいては，原材料や部品から製品に至るまでさまざまな作業が存在し，これらの作業には適切な順序がある．そして各々の各作業は，管理や段取りを良くする目的で，一定のまとまりに区切られる．このような作業のまとまりを工程と呼ぶ．工程分析は，各工程を観察し，その内容を分解して工程分析図（プロセスチャート）と呼ばれる図表にまとめて，製品が完成するまでの工程の流れを見える化することを目的としている．分析結果から，工程の中で問題となる部分や改善効果が上がりそうな箇所を絞り，その後の改善活動の手がかり摑むことにつながる．工程分析において，その工程における仕事内容の概要を知ることを目的として，「作業」と「検査」の系列だけを対象に分析したものを単純工程分析という．それに対し，「移動・運搬」や「手待ち・停滞」，「保管・貯蔵」などの状態も対象に含めた分析を，詳細工程分析という．**図 2.1** に工程分析図の例を示す．

図 2.1 の工程分析図において，加工を表す○の記号，検査を表す□の記号などを用いた工程フロー図が示されている．工程フロー図は，材料・部品の受入から製品の検査・出荷までの一連の製造工程の流れ図である．工程フロー図から工程の全容が一目で把握できるため，①工程の流れは簡潔か，②工程の連結や分割は必要か，③停滞は発生していないかなどの着眼点により，工程の統廃合や改善検討に活用される．なお，昨今の工程フロー図の作成ではデジタル化が進んでおり，3 次元 CAD データによる画面を見ながら，組立工程の作業の順序を検討することなどが実用化されている．しかし，生産技術者にとってはこうした工程分析図などの図表を作成すること自体が目的ではなく，工程分析図と現地観察から，工程の分割，所要時間の短縮，効率的な運搬など改善の着眼点を入手することが重要である（入倉，2013）．

2.3　動作分析

動作分析とは，人の身体と目の動きを分析し，そこから最適な作業の方法を設定するための手法である．動作分析の古典的な手法としてサーブリッグ記号

第2章 技能の見える化①—IE的アプローチ

No.	工程名	加工	検査	運搬	停滞	保管	作業者	機械設備	時間(分)	距離(m)
1	材料保管	○	□	⇨	D	▽		資材倉庫		
2	運搬	○	□	⇨	D	▽	A	フォークリフト	5	20
3	粗加工	○	□	⇨	D	▽	B	粗加工機	120	
4	運搬	○	□	⇨	D	▽	A	フォークリフト	3	10
5	停滞	○	□	⇨	D	▽			60	
6	運搬	○	□	⇨	D	▽	A	フォークリフト	3	10
7	仕上加工	○	□	⇨	D	▽	C	仕上機	100	
8	数量検査	○	□	⇨	D	▽	A	(目視)	2	
9	運搬	○	□	⇨	D	▽	A	フォークリフト	7	50
10	製品保管	○	□	⇨	D	▽		製品倉庫		
計		2回	1回	4回	1回	2回	延べ7人		300分	90m

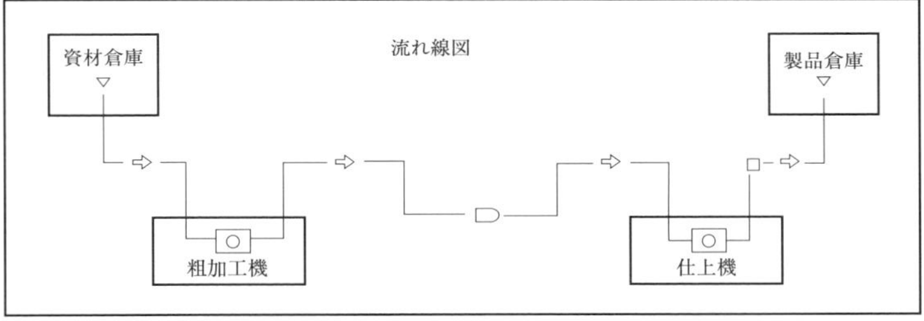

図 2.1 工程分析図例(職業能力開発総合大学校能力開発研究センター編,2001, p.48)

を用いたサーブリッグ法が有名である.図2.2にサーブリッグ記号を示す.

　サーブリッグ記号は,前述のギルブレスが,人間の動作を目的別に細分化し,あらゆる作業に共通であると考えられる18の基本動作要素に与えられた表記である.サーブリッグ法は,分析対象となる作業をこれらの基本動作要素に分類し,作業内容の詳細な見える化により改善につなげるものである.このとき,18の基本動作要素は大きく3つに分類されている.第1類は仕事を進めるために必要な動作,第2類は作業の実行を妨げる動作,第3類は作業を行ってない動作であり,第2類,第3類の動作をなくすことが,改善の着眼点となる.図2.3に加工作業に対するサーブリッグ法の適用例を示す.

　例えば図2.3の結果を見ると,作業時の右手の動作の中に第3類に含まれる

類別	名　称	記号	記号の説明	類別	名　称	記号	記号の説明
第1類（仕事を進めるために必要な動作）	空手移動	 ⌣	手に何も乗せていない形	第2類（第1類の動作を遅くする傾向のあるもの）	探す	 ◎	目で物を探す形
	つかむ	 ∩	手で物をつかむ形		見いだす	 ◎	目で物を探しあてた形
	運ぶ	 ⌣	手に物を乗せた形		選ぶ	 →	目的物をさす形
	位置決め	 9	物を指の先端に置いた形		考える	 ♀	頭に手を当てている形
	組み合わせ	 #	組み合わせた形		用意する	 8	ボウリングのピンを立てた形
	分解	 ++	組み合わせた物から1本離した形	第3類（仕事が進んでいない動作）	保持	 ∩	磁石に物を吸い付けた形
	使う	 U	英語のUseのU		避けられない遅れ	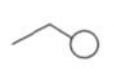 ⌒	人がつまずいて倒れた形
	放す	 ○	手から物を落とす形		避けられる遅れ	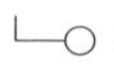 L○	人が寝ている形
	調べる	 ○	レンズの形		休む	 ⌐	人がイスに腰かけた形

図 2.2 サーブリッグ記号（職業能力開発総合大学校能力開発研究センター編, 2001, p.56）

「保持」が現れていることがわかる．第3類の基本動作要素は，作業を行わない無駄な動作である．そこで，スイッチによりハンドルを固定するなどの改善により，無駄な動作が排除されることで，加工時の作業性の向上が期待できる．

2.4　カン・コツ排除の分析と標準化

　服部（2011）は，従来の作業手順書とは大きく異なった，作業のカン・コツに着目した技能伝承のための教材作成方法を提案している．提案された教材の中では，熟練者の動作が追求されたうえで，各動作からカン・コツ部分を抽出し，それを技術伝承を行いやすいような形で表現されている．各動作からのカンコツ部分の抽出方法においては，「熟練者の何気ない動作に対してその意味を確認した際に返答に窮するところをカン・コツがある」との考えから，該当の動作をビデオに録画し，繰り返し再生しながら，熟練者へのインタビューが試みられている．そして，その内容を文書化や図式化したり，文書化が難しい場合には映像化された教材を作成することにより，見える化されたカン・コツを排除し，標準化された技能の伝承が容易になることが期待される．

　服部（2011）でのカン・コツの見える化のための分析方法は，まさにIE的ア

第2章 技能の見える化①—IE的アプローチ

左手の動作	サーブリッグ			右手の動作	改善着眼
	左	目（足）	右		
加工品に手を伸ばす	⌣	👁👁→	∩	ハンドルを握っている	
加工品をつかむ	∩		↓		
加工品をテーブルへ運ぶ	◯	👁			
加工品をドリルの下へきちっと入れる	୨		◯	ハンドルを降ろす	
加工品を押さえている	∩		∪	穴をあける	
加工品をつかみ直す	∩		◯	ハンドルを上げる	
加工品を運ぶ	◯	👁	∩	ハンドルを握っている	
加工品を箱に入れる	◯				
手を戻す	⌣		↓		

出典）日本経営工学会（2002）：『生産管理用語辞典』，日本規格協会，p. 144.

図 2.3 サーブリッグ法の例

プローチの動作分析や時間研究に通じるものである．時間研究とは，生産活動の各要素に対して，時間を尺度とした測定や評価を実施し，そこから改善活動へとつなげていくことである．時間研究には，作業をいくつかの要素作業に分割し各要素作業の時間を実際にストップウォッチで測定して記録するストップウォッチ法や，作業をあらかじめVTRなどに録画しておき再生画を観察しながら時間を分析するVTR法がある．正確さの面では，再生画を観察しながら分析するVTR法のほうが望ましいとされている．昨今では，撮影した映像か

ら，自動的に動作分析処理をするソフトウェアが開発されており，作業者の動作の映像をパソコン画面上で確認しながら，要素作業に分解することや，結果の一覧化やグラフ化が容易になっている．

2.5 IE 的アプローチによる技能の見える化

　本章で紹介したIEにおける一連の分析手法の大きな目的としては，標準作業の設定と標準時間の検討が挙げられる．標準作業は「人の動作にムダ・ムラ・ムリがないような作業順序で，効率的な生産をすること」である．また，標準時間とは「作業者がムダのない順序で効率的な生産を行う動作時間」である．これまで紹介した工程分析や動作分析の結果をもとに標準作業が設定され，時間研究により標準時間の検討がなされるのである．こうしたIEの分析手法の適用は，標準作業や標準時間を明確に設定することで生産性を向上させるという目的だけでなく，作業内容や作業手順を詳細に分析したうえでそれを標準化することにより，**2.4節**で示したように熟練者のカン・コツの排除にも貢献するものである．熟練者の作業を細かい作業要素に分解し，工程分析や動作分析により概略的な，あるいは詳細な技能の見える化がなされ，さらには時間研究による作業時間にもとづいた評価やさらなる効率化を目指した改善につなげていくことができる．このようなIE的アプローチによる技能やカン・コツの見える化やその分析により，熟練技術者が有する技能や技術に関する暗黙知を形式知とし，技能を組織の共有財産にすることが可能となる．

参 考 文 献

Taylor, F. W.(2009)：『新訳 科学的管理法』(有賀裕子訳)，ダイヤモンド社．
入倉則夫(2013)：『入門生産工学』，日科技連出版社．
職業能力開発総合大学校能力開発研究センター編(2001)：『生産工学概論』，雇用問題研究会．
日本経営工学会編(2002)：『生産管理用語辞典』，日本規格協会．
服部勇(2011)：「現場で役立つ技能伝承の推進」(技能伝承の取り組みについて①)，『技能と技術』，2011年2号，pp.1-7．

第 3 章

技能の見える化②
身体性認知科学的アプローチ

3.1 技能の見える化をどう考えるか

暗黙知の形式知化

　技能は暗黙知であるといわれる．森(2013)によれば，①暗黙知とは，表現が困難な知恵・知識や判断・処理・認識である，②暗黙知は，カン(感覚，感性)，コツ(要領，要点)，ノウハウ(工夫，考え方，段取り)である，③暗黙知の多くは整理されていないため，言葉で説明したり文で記述したりすることは困難である，④暗黙知の多くは，科学的な検証が困難である，⑤暗黙知を自覚できないことが多い，と考えることができる．したがって，この暗黙知は技能の考え方に当てはまる．暗黙知である技能を人に伝達することは難しいが，技能を技術にすることができれば，その伝達は容易になる．

　技能を技術にするためには，暗黙知の形式知化(＝見える化)が必要だ．そこで暗黙知を4階層に分けて考えてみよう(森，2013)．第1層は，外から観察可能で，記述が容易である．第2層は，観察は困難だが，言葉にできる．第3層は，作業者は自覚していないが，質問により引き出して言葉にできる．第4層は，作業者が無意識に行うもので，言葉にはできない．第3層までなら観察者により見える化できそうだが，第4層は，作業者が無意識であるがゆえに，見える化は困難である．どうすれば，第4層まで見える化できるだろうか．

技能の見える化に必要な科学

　技能の見える化のためには，科学を持ち込むことである(**1.2節を参照**)．技能は人間がもつ能力であるから，必然的に，「人間科学」が必要になる(森，2010)．人間科学とは，人間の心理，生理，思考・判断，身体などを総合的に

研究する学際的な学問であり，さまざまな環境における人間の社会，文化，行動，教育などを探求するものである．人間科学を用いることにより，作業者の無意識な領域(暗黙知の第4層)までも見える化できるかもしれない．

本書は「ものづくり」や「匠の技」に焦点を当てているが，どのような技能を見える化の対象にすればよいだろうか．森(2010)は技能のタイプを次の4種類，①感覚運動系技能：人間の手腕など，身体の感覚機能と運動機能に主に依存，②知的管理系技能：人間の判断，推理，思考などの知的管理能力に主に依存，③保全技能：感覚運動系技能，知的管理系技能の両者を使用，④対人技能：人間に対する働きかけを行う，に分類した．実際，国家検定制度である技能検定には126職種(平成29(2017)年度)の試験があり，ものづくり系(機械加工，電子機器組立など)から非ものづくり系(知的財産管理，ファイナンシャル・プランニングなど)まで幅広い．本章では，ものづくりの技能を見える化の対象とする．この場合の技能のタイプは主に感覚運動系技能であり，知的管理系技能も必要となるであろう．両者の技能のキーワードを上記の分類から拾い集めると，身体，感覚，運動，判断，推理，思考となる．

以上のことから，技能の見える化のためには，人間科学，特に，これらのキーワードに軸足を置いた学問領域によるアプローチが有効である．次節では，この学問領域として「身体性認知科学」を取り上げる．

3.2 身体性認知科学とは

認知科学と認知主義的パラダイム

人間は知能により行動することができる．知能についての学際的な研究領域が認知科学であり，これは心理学，生理学，生物学，脳科学，計算機科学，アルゴリズム，人工知能(AI)などと密接に関係する．したがって，ものづくり作業を人間の行動とみなすことにより，認知科学を用いて技能を見える化することが可能ではないかと思われる．

認知科学は1950年代後半に生まれた．情報処理の観点から人間の行動を概念的に，内側(言語や，脳内につくられた外界モデルが対象．内部メカニズム)から解明する学問である．当時の認知科学は，認知主義的パラダイムと呼ばれる枠組みであった．これは人間の情報処理過程(環境から視覚などで入力を受

け取り，その情報を脳で思考・判断して，判断結果を身体で実行する)において，物理的な実体(身体)が実世界(人間が存在している環境，道具，工作物など)に存在することを考慮せず，計算(脳における情報処理)としての認知を研究する考え方である．なお，行動する主体のことをエージェントと呼び，人間に限らず，知能をもつ動物やロボットもエージェントである．

　1980年代の中頃，知能を説明するには認知主義的パラダイムでは不完全である，という問題点に研究者らは気づき始めた(Pfeiferほか，2001)．知能は身体に宿るものであり，実際に物理的な実体が存在する必要がある．物理的な実体をもつことを「身体性」と呼ぶ．身体性があって初めて，エージェントは実世界とかかわりをもつことができる．身体性は，情報や行動を限定的なものにする．例えば，人間の視覚には視野があり，聴覚には可聴域がある．手足の関節の動作には可動域があり，筋力には最大筋力がある．これらの限定は，ものづくりにおける感覚運動系技能と強く関係するため，無視することはできない．一方，エージェントが実世界に存在していると，必ず実世界との相互作用が生じる．すなわち，常に変化する「環境」との相互作用である．例えば，フライス盤で機械加工する場合，材料の硬さは削る際の音に影響し，加工とともにその形状が変化していく．ものづくりという人間の行動を考えるときには，このような環境との相互作用が不可欠である．この考え方には，人工物の科学(**1.2節**を参照)の着眼点と通じるものがある．

身体性認知科学の登場

　1980年代の終わり頃に，「身体性認知科学」という新しい考え方が生まれた．身体性認知科学では，認知主義的パラダイムが対象としてこなかった環境や身体を重視し，知能は身体をもち，実世界との相互作用に注目すべきであると考える．基本的な概念は，次の①～⑥である(Pfeiferほか，2001)．

① **自律性**：一般に外部からの制御が存在しないことを意味するが，ある程度は環境や他のエージェントに依存する．例えば，技能者は自律的に作業できるが，道具，照明などの環境や，目の前の指導者の有無に依存する側面がある．

② **自己充足性**：長時間にわたってエージェントが自身を維持する能力で

ある．例えば，自動清掃機能の付いたエアコン，環境内で自ら食物を摂取する動物，自らの技能の維持に日々トレーニングする技能者などが当てはまる．自己充足性は，エージェントの自律性の程度を高める．

③ **適応性**：自己充足性が最後に落ち着くところである．予測不可能な環境の変化のなかでも，自己を維持することができる．適応には，❶進化的適応(生物が環境変化に対処するための，長期間にわたる遺伝的な調整)，❷生理的適応(個体が環境変化に対処するための，発汗のような生理的調整)，❸感覚器的適応(瞳孔の径の調整のように，感覚器官が刺激強度の変化に対処するために行う調節)，❹学習による適応(動物が環境変動への対処を可能にする過程)がある．ものづくり技能においては，熟練者と初心者とで適応性の違いが自律神経活動に現れる可能性が考えられる．

④ **身体性**：前述したようにエージェントが物理的な実体をもつことであり，エージェントと環境との相互作用が生じる．知能のメカニズムや過程を解明するために必要な概念である．すなわち，技能の見える化に必要である．

⑤ **立脚性**：エージェントが自身の感覚をとおして，他者の介在なしに，環境との相互作用のなかで，現在の状態に関する情報を獲得できることである．ここでエージェントの視点を取り入れることが重要であり，エージェントの視点から見た世界は，観察者から見た世界とは非常に異なっていることを認識しなければならない．立脚性を理解するためには，技能者が作業しているところを外から見学するのではなく，技能者が見ている視界を知ることが重要である．

⑥ **創発**：エージェントがあらかじめ学習していない(ロボットであればプログラムされていない)行動をできることである．創発は，エージェントの内部メカニズムと環境，身体との相互作用の結果であり，内部メカニズムのみでは説明できない．例えば，創発による行動は複雑に見えることがあるが，内部メカニズムが単純なルールを適用しているだけかもしれない．ここで環境の情報は，エージェント自身の感覚器をとおして内部メカニズムに入力されるものである．そのため，例えば熟練技能

者のコツ（内部メカニズム）を摑むためには，熟練者自身の目線を知る必要がある．

人間行動の3階層モデル

1.3節で説明したように，ラスムッセンは，人間行動の3階層モデルを提示した（Rasmussen, 1983）．これは人間行動の内部メカニズムをモデル化したものだが，重要なことは，環境情報がシグナル，サイン，シンボルとして各階層に入力され，スキルベースにおいて運動パターンが生成されて身体を動作させ，それが環境に作用していることである．そこで，ラスムッセンのモデルにおいて環境とのインタフェース（相互作用）と身体動作に着眼することにより，技能に対して身体性認知科学的にアプローチすることができる．

筆者らは，技能の見える化のためにラスムッセンの3階層モデルにもとづくフライス加工作業分析を行った．次節では，この研究事例を紹介する．

3.3 身体性認知科学的アプローチの研究事例

実験のデザイン

筆者ら（不破ほか，2016）は，機械加工のうちフライス加工作業を例にして，技能レベルの異なる被験者を対象に作業中の生体情報を測定し，ものづくりの技能を人間科学的に解明するアプローチ法を提案した．測定・評価した項目を次の①～⑤に大別して説明する．

① **感　　覚**

視覚について，被験者の視線をアイマークレコーダーで測定し，被験者が作業中にどこを見ているのかを評価する．聴覚については，作業中に被験者が耳で感じる切削音を騒音計で定量化し，後述するアンケート結果と組み合わせて被験者の感性基準を評価する．これらの測定は，身体性認知科学の立脚性に関連し，被験者自身の視覚，聴覚情報を得ることができる．ラスムッセンの3階層モデルにおいては，環境からの入力情報となる．

② **自律神経系**

被験者の心拍変動と皮膚コンダクタンスを測定する．心拍変動の時間周波数解析から交感神経活動の指標としてLF/HF（心拍変動の低周波成分0.04〜

0.15Hzと高周波成分0.15〜0.4Hzのパワーの比率)を算出し，皮膚コンダクタンスから一過性の精神的動揺を評価する．身体性認知科学の適応性，特に生理的適応と関連する．ラスムッセンの3階層モデルにおいては，作業中の交感神経活動や緊張度が高いほど，高次レベルの行動をしていると考えると，この場合の内部モデルの行動階層は知識ベース行動側になっている可能性がある．

③ **中枢神経系**

被験者の前頭前野の脳賦活反応の指標として，脳血流量変化を測定する．前頭前野では感覚の情報や記憶などが統合されて，思考や検討，判断などが行われる．身体性認知科学における自律性(どこまで自律的に作業できるか)，適応性(作業者がどこまで学習したか)に関連する．ラスムッセンの3階層モデルにおいては，作業中の脳賦活度が高いほど，高次レベルの行動をしていると考えれば，この場合の行動階層は知識ベース行動側になっている可能性がある．

④ **身 体 動 作**

被験者の動作を3次元動作分析装置でモーションキャプチャーする．これは身体性認知科学における身体性に関連する．ラスムッセンの3階層モデルでは，スキルベース行動における運動パターンの結果としての身体動作を表す．

⑤ **アンケート調査**

作業中の被験者の感覚(視覚，嗅覚，フライス盤のハンドルの重さ感覚)に対する意識の度合い，および緊張度，難易度，頭を働かせた作業内容などのアンケートを実施し，被験者の主観を評価する．聴覚については，作業中の切削音に対する正常／異常の主観的判断に対する水準判断アンケートを行い，被験者の感性基準を定量化する．上記の①〜④項の測定結果とこれらのアンケート調査結果とを統合して，総合的な評価を行う．

研 究 成 果

研究成果の概略(不破ほか，2016)は以下のとおりである．

① **自律神経系・中枢神経系の評価**

測定例を図3.1に示す．被験者の技能レベルにかかわらず，加工中は作業前に比べて交感神経活動および前頭前野の脳賦活反応が高まる．中級者と熟練者を比較すると，中級者は熟練者よりも作業中の交感神経活動，脳賦活反応が高

第3章 技能の見える化②―身体性認知科学的アプローチ　　23

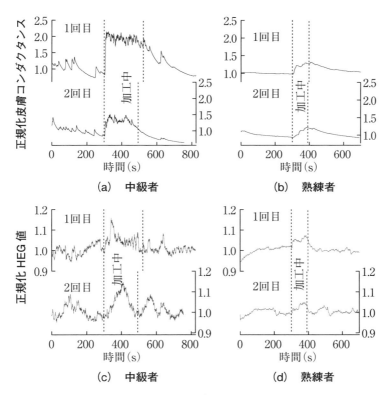

図3.1　フライス作業中の皮膚コンダクタンスと脳血流量変化HEG値に関する中級者と熟練者の比較(不破ほか, 2016)

いと考えらえる．ラスムッセンの3階層モデルで考えると，熟練者はスキルベース行動側，中級者は知識ベース行動側で作業をしていることを示唆する．

② 視線の評価

熟練者と中級者の注視点を比較すると，高難易度の作業時(仕上げ加工時)のテーブル送り中では，中級者は切削点近傍になったが，熟練者は切削点近傍から作業台，測定器に終始視線の範囲を移動して，次の工程を意識した行動をとっていると思われる．作業環境との相互作用の観点から作業者自身の視線を調べることが，内部メカニズムの形式知化につながることが期待される．

③ 身体動作の評価

作業者の頭頂部の軌跡を解析すると，熟練者は中級者よりも移動量は少なかった．熟練者は多くの経験により作業に対する不安感を取り除き，作業効率を高める行動をとっていると考えられる．熟練者に無駄な動きがないとすれば，そのための動作手順計画が不要になり，熟練者はスキルベース行動側で作業するであろう．

④ 聴覚の評価

作業者の聴覚が加工異常をどのように聞き分けているのか，切削音にもとづいて評価した．切込みが深いほど，騒音計の音圧レベルは上昇し，主観で「異常切削状態」と判断する被験者数が多くなった．これは，被験者の安全に対する，および加工状態の正常／異常に対する感性基準の見える化である．

3.4 今後の展望

暗黙知としての技能を見える化するために，身体性認知科学は有効なアプローチ法の一つである．作業中の熟練者・中級者・初心者を対象とした生体情報計測は，無意識の身体動作や視線移動，作業環境への適応性，内部メカニズムとしての脳活動を評価できる可能性がある．これは，人間の能力としての技能を成果物や作品で間接的に評価するのではなく，生体情報で人間自体を直接的に評価できることを意味しており，技能評価の革新につながる．

参 考 文 献

Pfeifer R. and C. Scheier(2001)：『知の創成—身体性認知科学への招待』(石黒章夫，小林宏，細田耕監訳)，共立出版．

Rasmussen, J.(1983): "Skills, Rules, and Knowledge; Signals, Signs, and Symbols, and Other Distinctions in Human Performance Models," *IEEE Transactions on Systems, Man, and Cybernetics*, Vol. SMC-13, No. 3, pp. 257-266.

不破輝彦，池田知純，岡部眞幸，菅野恒雄，寺内美奈，二宮敬一，繁昌孝二，和田正毅，古川勇二(2016)：「暗黙知を人間科学の力で"見える化"する—フライス加工技能に対する試み—」，『技能と技術』，2016 年 4 号，pp. 3-9.

森和夫(2005)：『技術・技能伝承ハンドブック』，JIPM ソリューション．

森和夫(2013)：「暗黙知の継承をどう進めるか」，『特技懇』，No. 268，pp. 43-49.

第4章

技能五輪における技の見える化
言語プロトコル・教育工学

4.1 技能の国際標準

　WorldSkills International（以下，WSIとする）が主催し，2年に1度開催される技能五輪国際大会（正式には，WorldSkills Competitionである．以下，国際大会とする）は，国際職業訓練競技大会として，1950年にスペインで始まった．これは国際的に技能を競うことにより，参加国の職業訓練の振興および技能水準の向上を図るとともに，青年技能労働者の国際交流と親善を目的とした大会である．ここで競われる技能は，まさにその国を代表する熟練技能であり，その結果はその国のものづくり力や職業訓練力を示すものとして，各国は国を挙げて成績上位選手の技能をさまざまな手法で分析を行ったりするなど，その訓練手法研究を教育工学的課題として取り組むなど，その競争は激しい．

　国際大会において，それぞれの職種の技能は職種定義（technical description）に定められており，その中心が「技能標準仕様（WorldSkills Standard Specification：WSSS）」である．これは，職業または仕事における完全な能力を含む基準の仕様であり，技術的および職業的能力における国際的な成功事例を実証する知識や理解，および特定の技能について詳述した職種競技において要求される訓練や準備のための指針でもある．専門的・技術的スキルのみならず，作業管理法，コミュニケーションスキルおよびインターパーソナルスキルなどの一般的スキルも含めたものとして定義している．このWSSSを適正に評価するため，WSIは図4.1のような評価のライフサイクルにもとづき，一連の必然的なステップやプロセスで時間とともに正しい順序で実行されなければならない，としている（WSI, 2017）．

　図4.1の「評価法の選択」は，WSIの評価と採点において遵守すべき原則や

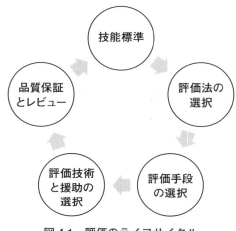

図4.1　評価のライフサイクル

技法である．国際大会の評価方法は，「測定(measurement)」と「判定(judgement)」の2つに大きく分けられ，各評価項目をどちらの方法で行うのか明確なベンチマークを行うことが，品質保証をするうえで非常に重要である．また，採点スキームは，競技課題と相互作用を及ぼしながらWSSSにおける重要度に従い設計・開発され，最適化されなければならない．

「評価手段の選択」は，競技課題にあたる．競技課題は，評価法の一つとして選択されるもので，国際的な好事例を可能な限り反映する内容としなければならない．競技課題と採点スキームおよびWSSSの関係性が技能評価品質における重要な指標となる．

「評価技術と援助の選択」は，職種管理や情報伝達の方法，安全要求事項などが定義される．

「品質保証とレビュー」は，国際大会後にその大会での評価法についてレビューし，必要に応じて職種定義を更新することにより行われる．

4.2　熟練技能の見える化と認知科学

熟練技能の伝承システムを構築することは，わが国のものづくり産業において喫緊の課題である．熟練技能を効果的に伝承するため，その手本である技能

を力学モデルや計測データを用いて解析しデジタル化していく方法がある．例えば，熟練技能をモーションキャプチャーソフトなどで形式知化しようとする試みである．一方で，熟練技能は，さまざまな環境変化にも対応できる技能であり個体差も大きい．したがって，作業そのものを形式知化するだけでは，その技能の継承につながらない，という考え方もある．つまり，熟練技能は，技能が作業者自身の身体的作業能力のみならず，さまざまな周辺環境と相まって発揮されるものであり，熟練技能者は，この周辺環境の状態を頻繁に観察し，何らかの形でデータを得ている．そして，熟練技能者は，身体的作業から得られるデータの認知処理だけでなく，周辺環境から得られるデータと統合してメタ認知処理し，作業目標を達成していると考えられる．メタ認知とは，自分の行動や考えを俯瞰的・統合的に認識し，制御することである．したがって，熟練技能を形式知化するために，熟練技能者のメタ認知処理を言語化していくことも重要となる．つまり，これは認知科学から技能を解説しようとする試みである．

質的研究法

熟練技能者の多くは，自らの作業をする間に，これまでの経験や知識をさまざまな形で結びつけ，その行為や行動がどのように影響していくのかを理解しているものの，当然とされ意識されない状態で作業をしている．そのような過程や現象を同定する方法に質的研究法がある(能智，2011)．量的研究が理論的仮説の実証に焦点を当て数量データを収集して統計的な分析を行って因果関係などの点から仮説検証を行うのに対して，質的研究は十分な対象者数の確保が難しい少数事例や個別具体性の高い事象に焦点を当て，インタビューや観察などの方法で質的データを収集して，仮説モデルの生成や課題発見を目的に行われる．質的研究の対象となる分野は，産業，教育，言語学習，コミュニティの発展など多岐にわたり，新規事象の課題発見や理論的枠組みの再定義，文脈を考慮した暗黙知の形式知化などが行われている．質的分析手法には，データ収集の方法や，質的データに主観的に生成したコードを付していく分析手法に対して客観性に乏しいとの批判はあるものの，グランデッドセオリー法やSCAT法など，可能な限り分析過程を可視化して客観性を高め，批判的に検

証可能な手法が開発されており，広く利用されてきている．

このように質的研究が発展してきている背景に，次のような指摘がある．すなわち，一般化された理論的枠組みは実践場面の文脈的特徴を考慮していないため，理論的枠組みを用いて実践上の課題のようなミクロレベルの実態を把握することが難しい，といった指摘である．また，実際の技能分析においては，技能者のさまざまな環境に対応しながらの作業過程という文脈に即した形式知の蓄積が必要であり，質的分析により，技能者のメタ認知では具体的に何が認識され，どのような制御が行われているかなどがわかれば，効果的な指導に資する実践的な知見の蓄積が可能となる．

言語プロトコル分析

認知科学では，被験者のさまざまな行動を「プロトコル」と呼ぶ．技能者が作業中に「この場合の収納作業はどうしよう？」などと考えたり，「次の接続スピードはさらに上げよう」などと頭に思い浮かんだりする考えをそのまま口に出してもらい，それを聞き取りさまざまなデータを収集する手法が言語プロトコル法である(Ericssonほか，1993)．この方法は，意思決定の要因が直接被験者から聞けることや，さまざまな情報を自然な形で得ることができることなどの利点をもつ．

SCAT法

収集した言語データを分析する代表的な方法にSCAT(Steps for Coding and Theorization)法がある(大谷，2014)．SCAT法は手持ちの小規模質的データ(アンケートの自由記述や発言をメモしたフィールドノーツ)を分析するのに適した質的分析法とされる．実践過程から得られたような手持ちの質的データを分析対象とできる点，分析過程が具体的な手続きとして可視化されており共有可能な点および個別具体性の高いデータの理論化に適している点が特徴である．そして，これは熟練技能者の認識の奥に存在し，感性，創造的活動，無意識な動作，そして本能的行動を支配している認識上の知識を引き出す手法として有効である．

ここで，図4.2よりSCAT法の分析プロセスを説明する(羽田野ほか，

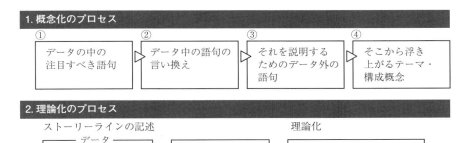

図 4.2 SCAT 法の分析プロセス

2016).SCAT 法の分析プロセスは概念化と理論化に大きく分けられる.「概念化のプロセス」では,質的データを①データ中の注目すべき語句,②データ中の語句の言い換え,③それを説明するためのデータ外の語句,④そこから浮き上がるテーマ・構成概念,の 4 ステップで明示的に概念化する.「理論化のプロセス」では,抽出された概念をもとにストーリーラインが記述される.ストーリーラインとは,「データに記述されている出来事に潜在する意味や意義を主に④に記述したテーマを紡ぎ合わせて書き表したもの」である.テーマとは,④で付与した概念を意味する.概念とストーリーラインの関係について調理師を対象に分析した大谷(2014)の例を引用して説明すると,次のようになる.初めに,データから「すぅーっと感.ぐーっと感.押し込み感」などの概念が抽出される.それらの概念を文脈に合わせて再構成し,「最初に,包丁が食材に吸い込まれる感じ,すぅーっと感を得た.〈中略〉切れない包丁はぐーっと感,押し込み感がある」というストーリーラインが記述される.ストーリーラインの記述により,表層的な言語データに潜在する概念が,深層的に再文脈化される.この手続きによって,「そのデータから言えること」にもとづいた個別具体的な理論を構築が可能となる.

ここで,技能五輪全国大会に出場する選手の技能習得過程を SCAT 法により分析した例を紹介しよう.

表 4.1 の面接 No. は,選手に面接した回数を表す(本調査では合計 12 回面接している.本表ではその 1 回目のみ記載している).切片 No. は,選手から得

表 4.1 SCAT法による言語データ分析の実際

面接 No.	切片 No.	テキスト	①テキスト中の注目すべき語句	②テキスト中の語句の言い換え	③左を説明するようなテキスト外の概念	④テーマ・構成概念
1	7	2日目がうまくいったかどうか。何事もなく普通に終わる。時間や失敗やミスも起こらずに。	2日目、何事もなく、時間や失敗	2日目の無事、時間と失敗の無事	希望的観測(失敗と時間)、完璧の追求	失敗や時間遅れ (1-5)
	10	緊張して、本番だから、ミスを連発した。腹痛になったのも初めてだった。	ミスを連発、腹痛	本番で反応変化、ミス増加、初めての変化	去年との比較分析、予測不能な自己反応	身体ストレス反応 (1-1)、ミス連鎖 (1-3)
	11	見られてると思うと手が震えた。	見られてる、手が震え	他者視線、身体変化	外的負荷としての他者視線、恐怖の身体視線化	他者視線の負荷 (1-2)、身体ストレス反応 (1-1)
	12	今年もまた震えると思うけど、気にしない感じで冷静に。	気にしない、冷静	震え受容、心理安定の維持	去年比較、現実受容、変動性考慮した安定性	変動性を前提とした安定性の追求 (1-7)
	13	時間内に全部終わる。	時間内、全部	完了時間	枠構造、入れ込むもの	絶対枠組みとしての時間 (1-8)
	14	2、やらない部分とかの作戦もできている、いらないものの判断も一緒に。	やらない部分、作戦	事前準備、やらないの判断	スクリプト、設定、判断資源の削減、本番の負荷回避	取捨判断のライフラリ化 (1-9)

た言語プロトコルを，意味や文脈で切片化したものの番号である（切片は紙幅の都合上一部省略している）．テキストには，切片化されたプロトコルを記入する．切片 No.14 を例に分析プロセスを解説する．①では，テキストの注目すべき語句として，「やらない部分」，「作戦」を書き出す．次に②では，語句を「事前準備」「やらないの判断」と言い換える．③では，②を説明するテキスト外の概念として，「スクリプト」，「設定」，「判断資源の削減」，「本番の負荷」を書き出す．②と③は，選手のプロトコルに含まれる言外の意味や，その背景にある文脈について考察するうえで必要なプロセスである．これらのステップを踏まえ，④で，「取捨判断のライブラリ化」という構成概念を生成した．構成概念を生成した後，それらの概念をまとめ，ストーリーラインを記述する．本例では，次のようなストーリーラインを記述した．「去年の本番は初体験の身体ストレス反応(1-1)や，他者視線負荷(1-2)があり，ミス連鎖(1-3)が起こった．本番は不測事態発生特性(1-4)があり，失敗や時間遅れ(1-5)がつきもので，実力抑制作用(1-6)が働く場と知識化した．今年の作業は，そうした変動性を前提とした安定性の追求(1-7)し，まず絶対枠組みとしての時間(1-8)順守を最優先に，時間がない場合に備え取捨判断ライブラリ化(1-9)や，失敗バッファー時間(1-10)で対策し，本番に望む」．ストーリーラインを構成することで，断片化された構成概念が，一つの意味をなす文脈として再構成される．これによって，個々の概念が技能者の技能遂行においてどのような意味をもつのかについて，その背景にはどのような「個別具体的な理論」があるのかについて，考察することが可能となる．例えば，このストーリーラインからは，当該選手がもつ次のような個人理論を導き出すことができる．すなわち「本番とは身体ストレス反応が生じるものである」，「ミスは連鎖するものである」，「練習で培った実力が必ずしもそのまま発揮できるわけではなく，身体反応や他者視線，遅れや失敗などさまざまな抑制要因が働くものである」，「それらの変動性を前提として安定するために必要なことを追求する必要がある」などである．これらの「個人理論」を概観すると，類似した文脈をもつ他の選手にも適用可能なことがわかる．こうした点を考慮すると，表層的な言語プロトコルを観察するだけでは得ることが難しい熟練技能者の形式知を SCAT 法などの質的手法で分析することは，熟練技能の伝承システムを構築するうえで，重要な手法

といえる．

4.3 認知負荷が技能習得に与える影響

　質的研究から得られた知見は，既存の理論的枠組みを参照することで，指導に活用することが可能である．例えば，Passほか(2010)の提唱した認知負荷理論(Cognitive Load Theory)によれば，学習における認知負荷は，教示の構造などに関連する外的負荷(extraneous load)，情報量やその複雑さに関連する内的負荷(intrinsic load)，学習者の判断や解釈，記憶などのような認知処理に関連する課題関連負荷(germane load)の3種類で主に構成される．そして，認知処理が機能するように外的・内的認知負荷を削減することが，効果的な学習にとって重要だとしている．また，認知処理のための一時的な記憶システムであるワーキングメモリ(working memory)は，処理可能な認知負荷の容量には制限があるとされ，その制限を越える量が学習者に与えられた場合，負荷が過剰となり，学習が抑制される，としている．

　図4.3は，認知負荷と学習の関連性を表したものである．(a)は内的負荷や外的負荷が学習者のもつワーキングメモリに対して過剰な場合，(b)は外的負荷を削減し，ワーキングメモリに余裕が生じた場合，(c)は内的負荷を増やして課題関連負荷を最適化した場合を意味する(Van Merriënboerほか, 2010)．(a)の場合では，学習者は記憶や推論，既有知識との関連付けのような課題の遂行に関連した認知処理，すなわち課題関連負荷の処理ができないため，学習効果は阻害される．(b)の場合では，外的負荷を削減し，ワーキングメモリに余裕が

図4.3　認知負荷と学習のワーキングメモリとの関連性

生まれた結果，課題関連負荷の処理は可能な状態である．過剰負荷ではないため学習は促進されるといえるが，一方で過小負荷な可能性もあり，学習者にとって簡単過ぎる可能性もある．したがって(c)のように内的負荷を処理するための課題関連負荷を，学習者のワーキングメモリに対して，最適化することが望ましいとされる．

技能の学習過程である技能習得においても，課題の構造や情報量などの認知負荷が存在し，過剰負荷や過小負荷による学習抑制が起こりうる．技能が一定水準に達した後に伸びにくくなる時期への対処の必要性などが指摘されており，指導者や学習者自身が認知負荷を調整する，すなわち，過剰負荷の場合は認知負荷を削減し，過小負荷の場合は認知負荷を最適化することが求められる．表4.1に示した選手が構築した「取捨判断の選択ライブラリ(1-9)」は，計画や判断の事前準備により，実行段階での課題関連負荷が低下する効果をもつ実行意図(implementation intention)と推察される．このように技能者自身が認知負荷を削減する方法として，判断や記憶といった課題関連負荷の認知処理を効率的に進める方法の習得が重要である．これらは認知方略と呼ばれる．学習をとおして認知方略を構築し，運用することで，技能者は認知負荷を調整することが可能となる．また指導の観点からは，暗黙知を形式知化してその技能遂行における意味を確かめることで，指導の指針を得ることが可能である．

参 考 文 献

Ericsson, K. A. and H. A. Simon (1993)：*Protocol Analysis*, MIT Press.

Van Merriënboer, J. J. and J. Sweller (2010)："Cognitive load theory in health professional education: design principles and strategies," *Med Educ*, Vol. 44, No. 1, pp 85-93.

Paas, F., T. van Gog and J. Sweller (2010)："Cognitive Load Theory: New Conceptualizations, Specifications, and Integrated Research Perspectives," *Educational Psychology Review*, Vol. 22, Issue. 2, pp 115-121.

WSI International (2017)："Technical Description 2017-Information Network Cabling."

大谷尚 (2014)：「SCAT: Step for Coding and Theorization―明示的手続きで着手しやすく小規模データに適用可能な質的データ分析手法―」，『感性工学』，Vol. 10,

No. 3, pp. 155-160.
能智正博(2011)：『質的研究法』，東京大学出版会.
羽田野健，菊池拓男(2016)：「技能習得における認知負荷の知識化と対処方略に関する事例研究―若年技能者の技能習得過程に焦点をあてた質的分析―」，『職業能力開発研究誌』，Vol. 32, No. 1, pp. 35-44.

第 5 章
技能伝承の容易化
習熟理論

5.1 技能と習熟

　技能の伝承や習得過程において，上達するにつれて作業完了までにかかる時間は短縮し，またその精度や品質も向上する．このような現象を習熟(learning)と呼ぶ．この習熟現象を理論的にモデル化し，習熟に伴う工数の推定やコストの予測，あるいは技能の習熟を容易化するための要因の解析の研究も行われるようになってきた．

　習熟理論の基礎は，1930年代のWright(1936)の研究にある．当時の米国航空機製造工場において空軍から生産能力を超えるほどの軍用輸送機を大量に受注することとなった折，累積生産量が2倍になるごとに単位生産量に投入される作業量は一定の割合で減少する習熟性を見出された．この習熟性を活用することにより，航空機製造における作業員の必要投入工数の管理や，資材調達の適正な運用が可能になった．

　このような習熟現象を説明するモデルとして後述する習熟曲線が考案されると，IE(Industrial Engineering)分野における習熟現象の理論的研究は，数学的モデルの開発に向けられるようになった．その対象は個人の技能や作業から，グループ作業，さらに工程の見直し，設備や治工具の改善などを含めることで工場全体，産業全体の習熟を考えることができるようになった．

　要するに，師岡(1969)によれば，習熟とは，「同一の機能を果たすための行為の繰り返しによる効果」と定義される．そのときの代表的なモデルが次節で紹介する対数線形モデルである．

5.2 対数線形モデルによる習熟の表現

作業時間の習熟を対象として習熟モデルにかかわる用語を説明しよう．ある作業を開始して i 回目の所要時間 t_i とすると，習熟曲線は次のように定式化される．

$$t_i = T i^b \tag{5.1}$$

ここで T は定数で，b は習熟係数と呼ばれ $-1 \sim 0$ の値をとり，値が小さいほど習熟が早いことを意味する．また i 回目と2倍の $2i$ 回目になったときの所要時間の比は習熟率 P と呼ばれ，$P = t_{2i}/t_i = 2^b$ で求めることができる（小さいほど早い習熟を意味する）．

さて，式(5.1)から未知のパラメータ b，T を求めるには，式(5.1)の両辺の対数をとると式(5.2)のように b に対して線形式となり（対数線形モデルと呼ばれる所以である），通常の最小二乗法によって求めることができる．

$$\log t_i = \log T + b \log i \tag{5.2}$$

それでは実際に習熟データを用いてモデルに当てはめてみよう．技能検定2級機械加工（普通旋盤作業）の実技課題の合格レベルに達するために行う練習の習熟過程について考える．この実技課題は，180分以内に素材寸法 $\phi 60 \times L150$，$\phi 60 \times L60$，材質 S45C の2つの材料を，図5.1に示す形状に汎用旋盤で旋削加

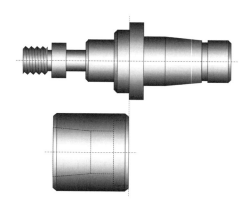

図5.1　技能検定の実技課題

表 5.1　機械加工作業の習熟データ例

i	t_i	A_i	i	t_i	A_i
1	600	600.0	11	195	273.6
2	390	495.0	12	170	265.0
3	285	425.0	13	155	256.5
4	240	378.8	14	150	248.9
5	235	350.0	15	184	244.6
6	240	331.7	16	180	240.6
7	175	309.3	17	182	237.1
8	195	295.0	18	176	233.7
9	270	292.2	19	182	231.0
10	185	281.5	20	180	228.5

工を施すもので，機械加工作業の実務経験が5年以上程度の技能を有するかを検定する課題である．

表5.1に，職業能力開発総合大学校の学生(2年生)が，この技能検定の実技課題の習熟に取り組んだときの測定結果と，練習$1 \sim i$回の累計平均所要時間$A_i = (\Sigma_1^i t_i)/i$を示す．累計平均所要時間A_iとは，工場や企業など組織単位での習熟過程をもとに作業標準時間の計算などによく用いられる指標である．

この練習回数iと所要時間t_iの関係に対数線形回帰分析を行い，最小二乗法を用いて式(5.2)に示す線形式の回帰係数を求めると，$\log T = 6.15$，$b = -0.37$となる．そして，対数を解いて，練習1回目の所要時間の推定値を$T = e^{6.15} = 470.4$と計算できる．なお，習熟係数bの値から，このときの習熟率$P = 2^{-0.37} = 0.77$と計算される．

図5.2は，横軸に練習回数iを，縦軸に所要時間t_iをとり，所要時間と式(5.1)に示す対数線形モデルの関係を示す．また，参考に累計平均所要時間A_iとその対数線形モデルの関係を示す．図より，式(5.1)に示す対数線形モデルが個人の習熟について，習熟過程の傾向と不安定な挙動をよく表すことがわかる．練習回数iが増加するほど所要時間t_iが漸減する傾向と，練習回ごとの作業の善し悪しが所要時間の不安定な挙動として示される．これは，対数線形モデルから所要時間の測定値が大きく乖離する練習に，習熟を効率化させうる要因や習熟を阻害させうる要因が影響を与えていることが示唆される．そこで，

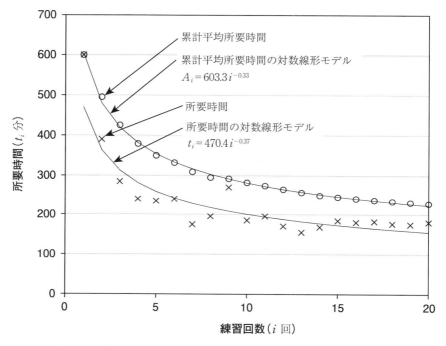

図 5.2 技能検定の実技課題における練習回数と所要時間の関係

対数線形モデルからの所要時間の乖離しているデータに着眼し，その理由を調査することで，習熟を阻害している要因を明らかにできると考えられる．

次に，累計平均所要時間 A_i は練習 $1 \sim i$ 回の所要時間の累計平均なので，求まる値は所要時間 t_i より大きく，所要時間の不安定な挙動は平均化されて見えなくなる．その代わりに習熟過程の傾向をよく表すこととなる．工場や企業など組織単位での作業標準時間の計算や，設備投資の計画立案などに役立つ．

5.3 要素技能への分解と習熟過程

ある作業の作業能力を評価するときは，その作業をどれだけできるかを直接に評価できれば明解である．しかし，新製品の切り替えなどで作業が変更されるとき，これまでの作業能力の評価を新しい作業能力の評価に用いることはで

きず，新しい作業の作業能力を直接評価しなければならない．

さらに，作業を習熟する正確さと速さは，個人差がある．要素作業で習熟しやすいものと習熟しにくいものが，学習者ごとに異なるためである．また，新たな作業を習熟するときに，既に習熟している内容と未習熟の内容に個人差があるからである．

ここで，作業を個別的，技能を汎用的な概念として，さまざまな作業を要素作業に細分化して，作業の目的に応じて要素技能として再構成し，要素技能を総合したものを技能と定義できれば，学習者の作業能力を，技能として汎用的に評価できると考えられる．

図5.1に示した技能検定の実技課題を作業として説明しよう．この実技課題の要素作業の習熟過程は，所要時間に加えて14箇所の重要寸法で測定される．汎用旋盤による機械加工作業の目的は，素材から形状を経済的な所要時間と正確さで作成することである．したがって，要素作業を目的別に分類して要素技能とすると，5箇所の外径寸法A，3箇所の内径寸法B，4箇所の端面距離C，および2箇所の偏芯(把持)寸法の正確さD，および所要時間Eからなり，これらを総合して技能は5点で構成されるとする．

この実技課題における技能の評価は次の手順で行う．はじめに，要素技能ごとに実技課題の重要寸法を割り当てる．割り当てられた重要寸法j(14箇所の測定内容)に対して，個別の目標値m_j，許容幅d_jを与えられていることを，課題図で確認する．次に，習熟練習にて実技課題を実際に完成させて，重要寸法と所要時間を計測する．このときの測定値をx_{ijk}(i：練習回数，j：測定内容，k：要素技能)として，測定値x_{ijk}から目標値m_jを引き，許容幅d_jで割ることで，基準化値y_{ijk}を求める．

すなわち，

$$y_{ijk} = \frac{x_{ijk} - m_j}{d_j} \tag{5.3}$$

さらに，要素技能ごとに，練習i，$i-1$回の測定値の基準化値y_{ijk}を用いて，時間および正確さとそのばらつきの尺度として，式(5.4)に示す品質工学のパラメータ設計に用いる望小特性(特性値が小さいほど望ましい)のSN比(田口ほか，2007)を用いたときの要素技能の評価値η_{ik}(単位：db)を求める例を紹介

する．
$$\eta_{ik} = -10 \log\{(\Sigma_j(y_{ijk})^2 + \Sigma_j(y_{i-1jk})^2)/f\}$$
$(i \geq 2, f: y_{ijk}, y_{i-1jk} \text{ の個数})$ (5.4)

ここで，練習回数 i 回目の内径要素技能 B の基準化値 y_{ijB}（j：3箇所の内径寸法，内径要素技能 B）が**表 5.2** に示す値になったとする．

表 5.2 内径要素技能 B の習熟データ例

	j	1	2	3	η_{iB}
i	y_{ijB}	0.7	0.6	0.8	1.761
$i-1$	y_{i-1jB}	0.9	1.1	0.7	

式(5.4)に**表 5.2** の習熟データ例を当てはめた結果を式(5.5)に示す．この計算を，要素技能ごとに練習回数 2 回目から i 回目まで繰り返すことで，横軸に練習回数，縦軸に要素技能の評価値をとる時系列折れ線グラフが完成する．要素技能の評価値は，練習 i，$i-1$ 回の測定値の基準化値 y_{ijk} を用いるため，そのプロットは練習 2 回から練習最終回まで求めることができる．基準化値 y_{ijB} は仕上がり寸法が目標値ちょうどなら 0 に，許容幅の限界であるなら 1 になる．**表 5.2** の例では，許容幅の内側で上限近傍なので基準化値 y_{ijB} は 1 を下回り，内径要素技能 B の評価値は $\eta_{iB} = 1.761$ となった．

$$\eta_{iB} = -10 \log\{((0.7^2 + 0.6^2 + 0.8^2) + (0.9^2 + 1.1^2 + 0.7^2))/6\}$$
$$= -10 \log\{(1.49 + 2.51)/6\}$$
$$= -10 \log(4.00/6) = 1.761 \text{ [db]} \quad (5.5)$$

ここで品質工学のパラメータ設計とは，設計開発段階で品質のつくり込みを行う際に広く用いられる方法で，ユーザーの使用条件における外乱や劣化をあらかじめ誤差因子として想定し，それらがあっても所望の性能を発揮できる頑健なパラメータ値を決める方法である．その際，用いられる頑健性の尺度が SN 比で，望小特性の場合，式(5.4)で示すような技能要素ごとの誤差因子（この場合，$i-1$ 回目と i 回目に対応させている）を含めた，i についての 2 乗和で表現される．通常これに log をとり -10 倍することで，単位は db（デシベル）とし，大きいほど望ましい指標である．

さて，2人の学習者の習熟過程に，SN比による要素技能の評価を行った結果を図5.3に示す(奥ほか，2014)．横軸に練習回数iを，縦軸に技能の評価量をとり，式(5.4)で求める要素技能の評価量と所要時間t_iの関係を示す．図の要素技能の評価によって，学習者の技能を要素技能ごとにミクロ的に観察することができる．評価が低かったり大きくばらつく要素技能は，苦手か習熟が足りないことを示す．

学習者1の練習回数iの前半で，外径Aの評価はほとんどの場合，最も低い．偏芯Dの評価はばらつきが最も大きい．学習者1の苦手な要素技能は外径A，偏芯Dと判断できる．この結果から学習者と指導者は，後半の練習計画の修正を検討できる．同様に，学習者2の練習回数iの前半から，内径B，端面Cが苦手とわかる．しかし，学習者1とは異なり，練習回数iの前半で要素技能

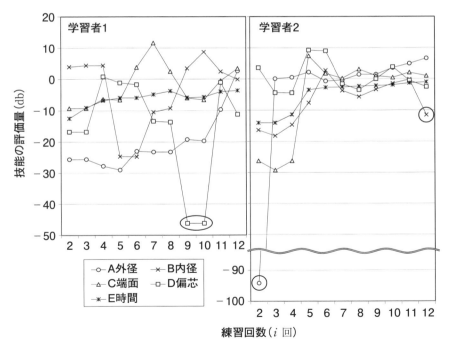

図5.3 技能検定の実技課題における要素技能の評価量の関係

の評価ごとに大きなばらつきはなくなり安定する．練習回数 i の後半は，通し練習を繰り返して技能の習熟を高めることが考えられる．2人の学習の結果から，要素技能ごとの得意さやそれらを習熟する過程は個人によって大きく異なることがわかり，練習期間中に学習者ごとの練習計画を立案するための有益な情報となる．

本評価法を導入することで，図5.3に示す習熟傾向を得る．この傾向から練習期間中に学習者ごとに練習計画の修正が可能となり，個別指導による技能習熟の早期化が期待できる．

5.4 今後の展望

対数線形モデルからの所要時間の乖離や，正確さも加えた要素技能ごとの技能を評価する方法を示し，技能習熟の早期化・容易化の検討ができることを示した．今後，AR技術による繰り返し練習の容易化や工作機械の振動やハンドルからの反力の再現により，技能の習熟の高速化，容易化や習熟する技能の絞り込みなどに資する知見を得ることがテーマの一つとなろう．

参 考 文 献

Wright, T. P.(1936): "Factors Affecting the Cost of Airplanes", *J. Aeronaut. Sci.*, Vol. 3, No. 4, pp. 122-128.

奥猛文，入倉則夫(2014):「総合的および要素ごとの技能の統計的評価方法」,『職業能力開発研究誌』, Vol. 30, No. 1, pp. 67-70.

田口玄一，横山巽子(2007):『ベーシック オフライン品質工学』, 日本規格協会.

師岡孝次(1969):『習熟性工学—動的評価と計画の技術』, 建帛社.

第 6 章
知識・技能・技術のモデルデータ化

6.1 技能・技術伝承の深刻化

ものづくり現場の課題

近年，製造業は熟練技能者・技術者の大量退職に加え，少子化の影響による若手技能者・技術者が不足している．また経営のグローバル化に伴い，多くの製造業は生産拠点を海外に移転し，国内の技能者・技術者が不在となり，技能・技術伝承が十分に行われていない．さらにロボット化の進展に伴い，単純な技能労働だけでなく，複雑な技能労働までもが機械システムやロボットに置き換えられ，技能労働自体が不要化する状況も発生している．技能・技術伝承がうまく進展しない結果，企業におけるものづくりの自己変革が遅れている．このことはわが国製造業にとって，非常に深刻な経営課題といえる．

技能・技術伝承の問題点

技能・技術伝承において実際に取り組まれている方法の多くは，暗黙知の状態にある属人的ノウハウを，何らかの方法で形式知化するものである．本書でも多数取り上げられているが，ノウハウをマニュアル化したり，動画に保存したりすることなどが一般的に行われている．また一般に，熟練技能の伝承では，OJT（On the Job Training）が中心となっている．しかし，これらの技能・技術伝承の実態は，熟練技能者や技術者が，過去これまでに自分自身が経験した教育訓練にもとづいた伝承であり，いわゆる師弟関係に近いものといえる．一方で労働力不足，企業体力の低下など，さまざまな経営課題を抱えるなか，技能・技術を次世代へ効果的に伝承していくことは，ますます重要となっている．野中ほか（2013）は，技能・技術伝承が進まない理由について，次のような誤解

にもとづくものであると指摘している．
　① 経験を積めば，誰でもノウハウを継承できる．
　② 熟練者は積極的に伝承を支援してくれる．
　③ 若手は意欲的にノウハウを吸収する．
　④ 仕組みをつくれば，後はうまくいくはず．
　⑤ 職場は，伝承の取組みをサポートしてくれる．
　一方，野中ほか(2013)は，技能・技術伝承の成功ポイントとして，熟練技能者・技術者のスキルと継承者の既存スキルを比較し，過不足の状況を「見える化」することから開始すべきであると述べている．そして，
　① ICT を活用した技能の技術化
　② 応用力を醸成する伝承の仕組み
　③ 技能・技術伝承のフレームワーク整備
を構築する必要性について提言している．

6.2　仕事・作業のモデル化

　本章では，野中ほか(2013)の提言にあった，「ICT を活用した技能の技術化」，「技能・技術伝承のフレームワーク」を中心に，①フレームワークモデルと，②フレームワーク＋ICT モデル，に分類されるモデル例を紹介する．

フレームワークモデル(職業能力の体系モデル)

　熟練技能者・技術者のスキルを効率的に伝承するためには，仕事・作業に必要な能力を明らかにし，何らかの方法で整理することが必要である．
　職業能力開発総合大学校基盤整備センターでは，主に企業の人材育成や，従業員個々の能力評価を行うためのツールとして「職業能力の体系」と呼ぶモデルの構築を試みている．
　「職業能力の体系」とは「仕事の見える化」に焦点を当てわが国が独自に開発したものである．2017 年 3 月 31 日時点において，業種別 97 業種，汎用 1 分野 10 部門の「職業能力の体系」がこれまでに整備されている．モデルデータベースは一般的なパソコンで使用できる Excel 形式のファイルとなっている．これは企業構成を「組織構成」，「業務構成」，「能力構成」の 3 つのフレームで

整理している．能力構成においては，技能と知識を具体的なテキストデータで表現し，共通のデータベースとして組み込んでいる．

　データベースの作成にあたっては，まず始めにその職種を代表する，企業関係者や業界団体に対するヒアリングやアンケートなどからテキストデータを収集する．次に得られたテキストデータをもとに，一つの作業単位に含まれるキーワードを抽出する．最後に得られたキーワード群を「知識」と「技能」に分解する．「知識」に属するキーワードは語尾に「〜を知っている」，「技能」に属するキーワードは語尾に「〜できる」を付加し，可読性を考慮した一つの文章としてモデルデータへ格納する．

　利用事例としては，企業における技能・技術の伝承やOff-JT計画において，従業員の勤続年数や職位などを組み合わせ，適切な人材育成計画に活用されている．また，企業組織全体の技能・技術レベルの偏りや分布を測定するためのツールとしても活用されている．詳細は次のホームページから確認できる．

職業能力の体系（職業能力開発総合大学校基盤整備センター）
　http://www.tetras.uitec.jeed.or.jp/statistics/system_list/index

フレームワーク＋ICTモデル（知識ユニットの連鎖構造モデル）

　成子（2006）は，ものづくり現場における作業過程の個々の機能とそれに関連する入出力情報「データ（入力情報）」→「機能（処理）」→「データ（出力情報）」を組み合わせた，知識ユニットの連鎖構造を提案している．フローチャート形式で知識を表現することで，プロセスの見える化ができ，第三者の理解や再現性が向上するとしている．知識モデルの構造を図6.1に示す．サブ機能S11，S12，S13は時系列に並べたデータ構造で表現される．

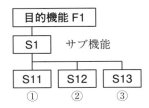

図6.1　知識モデルの構造

仕事の流れは，全体的な仕事の流れ「マクロフロー」と，それぞれのサブ工程の業務を遂行していく作業の流れ「ミクロフロー」により表現している．

知識化にあたっては，
① 手順(ワークフロー，画像，文章など)
② 判断基準(数表，図表，測定値など)
③ 根拠(根拠図，判断式，事例など)

を共通のデータベースに組み込み，それを再現することで熟練者による仕事の進め方を「なぞる」ことができるとしている．

利用事例としては，例えば射出成型金型の設計・製造や電子機器製造業での熟練者の技能伝承など，設計・製造現場を中心に多数適用されている．

6.3 属人的ノウハウのデータベースへの組込み

属人的ノウハウのデジタル化

前節で解説した「仕事・作業のモデル化」においては，熟練技能者・技術者の属人的ノウハウを，正確かつ効率的にデジタル化し，データベースへ格納することが極めて重要である．デジタル化することで，属人的なノウハウを可視化することができ，容易にコンピュータ上でデータとして扱うことができる．また，技能・技術の伝承に活用するだけでなく，計画的な人材育成にも活用できる．

本書では，さまざまな工学的アプローチを用い，対象者の観測データを取得する手法が紹介されている．しかし，熟練技能者・技術者の感覚的なノウハウは身体的変化に現れない場合が多い．例えば，カン・コツなど数値化しにくい事項は，インタビューやアンケート結果などから得られたテキストデータの記録として扱うケースが多い．ここでは作成に必要な費用や，取り組みやすさから，対象者に対するインタビュー記録やアンケート記録などのテキストデータをもとに，デジタル化する手法を紹介する．

テキストデータを計量的に扱う手法として，近年テキストマイニングが注目されている．テキストマイニングとは，記録されたテキストデータからノイズを取り除き，ルールやそこに隠されたパターンなどを発見する手法である．テキストマイニングでは次のような仕組みで実行される．

① インタビューやアンケートなどの記録からテキストデータを収集
② テキストデータの数量化，統計解析，結果の視覚化
③ 分析結果の検討・解釈

これらはテキストマイニングツールを用いて実行され，大量のテキストデータを，単語単位や文単位でさまざまな分析を行う．

計量テキスト分析ソフトウェア

テキストマイニングツールは，高機能版からフリーソフトウェアまで多くのツールが公開されている．ここでは読者自身が容易に入手可能でかつ研究事例も多い，フリーソフトウェア KH Coder を紹介する（図 6.2）．KH Coder の詳細な取り扱いについては樋口(2014)の著書が詳しい．ここでは簡単な手順のみ示す．

インタビューなどで得られたテキストデータを KH Coder に入力し，前処理を実行する．この操作によりテキストデータ中から自動的に語を取り出し，データベースへ自動的に格納される．このデータベースを利用し，抽出語リス

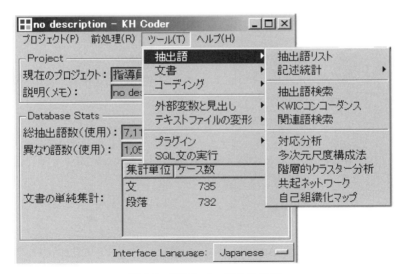

図 6.2　KH Coder による分析

ト，関連語検索，クラスター分析などを実行し，データ探索，解釈を行っていく．技能・技術に関する属人的ノウハウをデジタル化するため，KH Coder を利用した事例として，例えば大塚ほか(2010)は，都市交通プロジェクトにかかわった多様な人々を対象に，プロジェクトに関する経験的なエピソードを得ることを目的としてインタビューを実施し，経験的なエピソードからプロジェクトに関する知見を取り出すための自動化を試みている．

6.4 知識・技能・技術のデジタル化とモデル化の流れ

　知識・技能・技術をデジタル化し，データベースとして自由に活用できることは，特に現場技能者・技術者への技能・技術伝承や人材育成の促進に効果が高いだけでなく，ものづくりを基盤としたわが国の国際競争力をさらに高めるものとなる．これらのシステムの最も肝心なことは，実際に使われ活用されることであり，ユーザーが自由にかつ簡単に使えるものでなければならない．また技術の高度化に伴い，データベースを常に更新していく必要がある．そのためにもノウハウのデジタル化だけでなく，使いやすいユーザーインタフェースの開発も今後ますます重要になる．

参 考 文 献

大塚裕子，伊藤裕美，川野佐江子，大村陽，室町泰徳(2010)：「経験知を取り出すためのインタビューデータの分析」，『電子情報通信学会技術研究報告』，Vol. 109, No. 390, pp. 73-78.

成子由則(2006)：「モノづくりにおける知識・ノウハウの伝承」，『情報管理』，Vol. 49, No. 8, pp. 439-448.

野中帝二，安部純一(2013)：「モノ創りのための技術・技能伝承—コア技術・技能の見極めと強化に向けて—」，『FRI コンサルティング最前線』，Vol. 5, pp. 42-48.

樋口耕一(2014)：『社会調査のための計量テキスト分析』，ナカニシヤ出版．

第 7 章
職業教育訓練のスピード化
VR，AR 技術の活用

7.1 背　　景

　『製造基盤白書 2017（ものづくり白書）』や『建設白書 2017』によるとわが国の製造業や建設業が直面する課題として，技能不足とその人材の確保が挙げられている．技能人材の確保は，「現場力」の維持・強化を図るうえで大きな課題となっている．特に中小製造業では，人材不足が進行しており，将来，高齢技能者の退職に伴う，生産年齢人口の大幅な減少が見込まれるなか，若手を始めとする人材確保が困難になると予想されている．これらの問題に対応すべくわが国は，外国人労働者や女性の技能者の活躍促進，産業ロボットの導入などさまざまな政策に取り組んでいる．また，それらと並行して，新たに入職してきた人材を，スピーディーに一人前の技能者へ育成することが有効と思われる．その育成方法の一つとして，民間や公共職業訓練業界で VR，AR 技術などに代表される ICT 技術を活用する職業教育訓練の取組みがある．本章では近年，急速に発達している VR，AR 技術を用いた職業教育訓練事例とその効果について紹介するとともに，今後の展望について述べる．

7.2　VR，AR 技術とは

　VR（Virtual Reality）は仮想現実，AR（Augmented Reality）は拡張現実と訳され，PC，スマートフォンやタブレットなどの携帯端末，ヘッドマウントディスプレイ（HMD）などを用いて，目の前に映像，CG，各種情報を表示する技術を示す．これらの定義は，明確に区分されていないが一般的に VR とは，デバイスの移動や回転に伴い，あらかじめ指定された映像が変化し，仮想的にその場にいるような映像を見せることができる技術をいう．Google 社が開発した

「Expeditions」が有名であり，このキットおよびアプリを用いると，行くのが難しい世界各国の名所，深海，宇宙を擬似的に体験できる．これは既に米国の一部の学校では授業などに用いられている．ARとは，その場にある現実の背景に，あらかじめ用意されているCGを付与し，現状を拡張するような状況をつくる技術をいう．馴染みの深いものだと，自動車の車庫入れの際，活用されるバックモニター画面（図7.1）や一大ブームとなったポケモンGO（図7.2）などがある．このほかに，自分の部屋に家具を仮想的に配置し，住環境を確認することや，観光や教育の一環として，既に消失した歴史的価値の高い建物を，元にあった場所に表示させるなど，さまざまな分野で活用されている．最近では，ARをさらに発展させ，仮想空間でのやり取りを現実空間に融合させることを目的としたMR（Mixed Reality：複合現実）技術なども登場している．これらの技術は，軍事技術として発展してきたが，近年，スマートフォンなどの端末普及に伴い民間のユーザーに普及し始め，ビデオゲーム，ライブイベント，映像コンテンツを中心に使用されている．ゴールドマン・サックス社（Goldman Sachs, 2016）によると2025年には，VR，AR分野全体で順調に市場が成長した場合は800億ドル，最大で1,820億ドル（ハードウェアとソフトウェア含む）の需要があると予測されている．同報告によると，教育分野で1,500万人のユーザーに使用される可能性があるとされている．今後，急速に拡大すると予想される分野である．

図7.1　バックモニターガイド

図7.2　ポケモンGO

7.3　職業教育訓練の特徴

　VR，AR技術を用いた職業教育訓練の最大の特徴は，場所と時間を選ばないことにある．また，仮想的な空間であるため，怪我などもなく，安全に実施できる．製造業や建設業の職業教育訓練において最も効果があるのは実物に触れ，実際にものづくりを経験することである．しかしながら，その方法は同時に訓練できる最大人数と場所が限られる．VR，AR技術を活用した訓練では，実技を伴う訓練で懸念事項であった機材待ちや指導者がいなかったため担保できなかった安全性の問題を解決し，訓練に従事することが可能となった．事前に受講者がVR，AR空間で反復訓練を行い，手順を習得しておくことで，実物を使用した訓練が効率的かつ効果的に実施できる．その結果，スピーディーに技能を習得することが可能になるとされている．

　2つ目の特徴は，消耗品にかかる費用が減少し，ランニングコストの削減を図れることである．職業教育訓練の初期段階においては，作業手順が理解できておらず，消耗機材を無駄にしてしまうことも見受けられる．事前に手順を仮想空間で習得しておくことにより，初歩的なミスによる無駄な材料の消耗を防ぐことができ，真に必要な部分のみで材料を使用することが可能となる．

　3つ目の特徴は，その技能者の能力にあった訓練課題を選択できることである．VR，AR技術を活用した職業教育訓練では，個々でデバイスを占有するため，受講者が必要とする訓練環境が構築される．そのため，足りない能力について集中的に学習することや，既に習得している技能については，受講しなくてもよいなど，個々のニーズに合った訓練方法が可能となる．

7.4　職業教育訓練の効果

　それでは，VR，AR技術を用いた職業教育訓練の効果はどの程度のものなのであろうか．VR，AR技術を用いた職業教育訓練の効果については，現在，研究が始まったばかりであり，さまざまな取組みが行われつつある．ここではVR，AR技術を用いた技能訓練の効果について検証した事例を2つ紹介する．

　1つ目の事例は，製造業で活用できるスペイン，Seabery社が2016年に開発したAR溶接技能訓練システムSoldamaticである．本システムは，AR技

術対応の専用の機器，ソフトウェアで構成されたシミュレーターを用いて訓練を行う．AR 溶接訓練時には，実際のトーチや溶接機と同じものを使い，音も出て，実際と同様の溶接訓練が仮想的に体験できることが特徴である．このシステムは初学者の技能教育ならびにフォルクスワーゲン社などの民間で活躍する技能者を対象に活用されている．図 7.3 に Soldamatic を用いた訓練の様子を示す．受講者には，モニターと同様の画像が見えており，実作業と同様の環境で訓練していると感じることができる．また，このシステムでは溶接の技能評価，採点を自動で行うことが可能であり，受講者各自の能力，課題の進捗状況を一元化することができる．

同社の Soldamatic 溶接センターで実施した実例にもとづき算出された参考数値では，Soldamatic と実技を併用することで，実技訓練時間が増加し，実技演習時間が短縮できたとの報告もある．また消耗品の費用も大幅に減少できたと報告されている．さらに，Soldamatic を用いた場合，従来の方法より多くの資格保持者を合格させた実績があり，高い訓練効果を得ることができるとされている．同時に同システムでは，訓練で必要な要素である技能向上訓練で

図 7.3　Soldamatic を用いた訓練の様子

第7章 職業教育訓練のスピード化—VR, AR技術の活用

重要とされる訓練の評価ならびに履修状況管理を，ICT技術を使い一括で処理・管理を行う新しい職業教育訓練のスタイルである．

2つ目の事例は西澤ほか(2017)が行った公共職業訓練用に開発した鉄筋工事実習用教材とその評価の研究の事例である．日本の建設業では，躯体技能者(型枠工，左官工，とび工，鉄筋工)の次世代への技能継承や新規に入職する初心者の育成が大きな課題となっている．

建設躯体技能者の技能スキル向上にVR, AR技術の活用を試みた場合，技能向上については問題点が生じる．その理由は，実際に仮想空間を移動する画面上で鉄筋を組み立てても，鉄筋の質量などや，配筋する際のバランスなどの重要な要素を体感することができず，現実と乖離した訓練となるためである．そのような点から，建設技能者の技能向上のために，従来どおりの実物を使用した反復訓練が望ましいといえる．

そこで西澤らはVR, AR技術を活用して，技能者に必要な技能以外の段取り能力を向上させ，鉄筋技能者の総合的な能力を向上させる教材開発に取り組んでいる．熟練技能者は，2次元の建築図面から，完成型である3次元を想像すると同時に，施工手順を想像し施工作業を行う．初心者は，それらが想像できないため，手戻りや重大な失敗を引き起こす．そこで，VR, AR技術を用いた教材で，事前に初心者に鉄筋工事の完成図CGとその施工手順を提示し，初心者に不足しがちな想像する能力を補助的に補うと同時に，事前に経験させている．同研究では，鉄筋の組立てをVR, AR教材を用いたグループとそうでないグループで行い，VR, AR教材の有効性について検証している．その結果，VR, AR技術を活用した教材を用いたグループは組立作業時間が35％短縮し，手戻りなく正確に施工でき，VR, AR技術を活用した教材の有用性が確認できたと報告されている．

また，これらの教材は専用な機材を用いず，一般に普及している携帯端末(スマートフォンやタブレット)で，施工実習教材を提示していることも特徴である．初心者や公共職業訓練において，自宅等でも容易に実習内容を予習・復習できる環境構築は重要であり，初心者の技能取得にとって有益と思われる．

7.5 職業教育訓練のスピード化に向けた今後の課題と展望

　現状のVR，AR技術を活用した教材は，手順の確認，全体像の把握など初期段階の訓練で補助的に活用することが有効的だとされ，多くの技能教材がそのように使用されている．現状のVR，AR技術では，質量や触感，痛みなどは体感することができないため，五感が必要となる技能要素によっては，適応しにくいものがある．一方，古くから五感を体験できるウェアラブル端末の開発は実施されている．将来，ウェアラブル端末とVR，AR技術が融合した教材が開発されれば，さらに現実を模した訓練が実施可能となり，適応できる技能要素とさらなる訓練効果が期待できると推測できる．

　また，Yaacob(2017)によるとシンガポールでは，学校現場において試行的に導入しており，その効果について検証を始めている．VR，AR技術を活用した教育や職業教育の普及は，国家レベルでますます拡大していくと思われる．スピーディーかつ効果的な職業教育訓練を行うには，VR，AR技術を活用した訓練教材の充実が鍵であり，個人の理解度，能力，ニーズに合わせた個別の職業教育訓練カリキュラムのさらなる開発が望まれる．

参 考 文 献

Goldman Sachs(2016): *Virtual & Augmented reality report*, http://www.goldmansachs.com/our-thinking/pages/technology-driving-innovation-folder/virtual-and-augmented-reality/report.pdf

Soldamatic(2017)：http://www.soldamatic.com/en/home/　(2017年11月1日アクセス)

Yaacob, I.(2017)：Speech by Dr Yaacob Ibrahim, Minister for Communications and Information, at Infocomm Media Business eXchange Opening Ceremony, https://www.mci.gov.sg/pressroom/news-and-stories/pressroom/2017/5/infocomm-media-business-exchange-2017

西澤秀喜，蟹澤宏剛，吉田競人，舩木裕之(2017)：「携帯端末を利用する施工実習教材群の開発と評価」，『日本建築学会環境系論文集』，Vol. 82, No. 740, pp. 905-913.

第 8 章

技能の普遍化の工学的アプローチ①
自動化設備を支える技能とその応用

8.1 メカトロニクス技術の概要

　メカトロニクスは，メカニクスとエレクトロニクスを組み合わせた技術である．機械工学，電気・電子工学，制御工学，情報工学の各分野を横断的に活用し，機械の動作をコンピュータなどで電子制御することにより，機械の高性能化や高機能化を実現している．家電製品，輸送機械，自動生産設備，アミューズメント装置など，応用分野は多岐にわたる．

　近年は情報通信技術の発展により，IoT（Internet of Things）と呼ばれるようにさまざまな装置が通信ネットワークで接続されるようになっている．生産設備のさまざまな機器が相互に接続されれば，ドイツが提唱するインダストリー4.0（Communication promoters group, 2013）として知られるように，相互に連携した機械の複雑な制御だけでなく，生産工程の管理，流通工程の管理などを統合的に行うことができる．

8.2 メカトロニクス技術・技能教育の現状

　メカトロニクスを構成する要素技術は，機械工学，電気・電子工学，制御工学などの分野にわたる．各専門分野における応用技術の一つとしてメカトロニクスを教育している事例は多い．この場合，各専門分野の教育が主体となるため，メカトロニクスの要素技術を網羅したうえで，その応用技術に至るまで十分な教育時間を確保することは難しい．

　一方，少数ではあるが，大学においてメカトロニクスを主体として教育している事例もある．単にメカトロニクスの要素技術を網羅するだけでなく，ロボットの設計・製作などの実技を通じて，メカトロニクス機器を創造する能力

を養うカリキュラムとなっている．また，職業能力開発施設においてメカトロニクス科などの訓練科が設置されている事例もある．機械設計や機械加工に加え，生産設備の自動化技術を習得するカリキュラムとなっている．

メカトロニクスの教育に，ロボット競技大会やメカトロニクス技能競技大会を活用している事例も多い(森，1997)．習得した要素技術を駆使して，与えられた目的を達成するためのメカトロニクス機器を設計・製作する能力や，与えられた仕様のメカトロニクス機器を素早く確実に製作する能力が養われると期待されている．しかし，大会に出場できる人数は限られること，選手あるいはチームごとの個別指導が必要となることなどから，大人数を対象とする教育訓練の実施は困難である．

8.3 技能の教育方法

メカトロニクスの技能は，機械に関するものと，電気・制御に関するものに大別される．具体的には，機械の設計・製作・組立調整，電気回路の設計・製作，制御回路や制御プログラムの設計・製作・調整などが挙げられる．メカトロニクス機器の高性能化・高機能化に伴い，装置は大規模化・複雑化している．一人ですべての作業を行うことが困難な場合は，複数人で連携して作業することになる．このとき，専門性によって作業分担すれば，一人ひとりがすべての技能を網羅していなくても作業は可能である．しかし，適切に連携するためには，装置全体を把握できる程度の技能を身につけたうえで，それぞれの専門性を高めていくことが望ましい．

メカトロニクスの技能を習得する方法は，要素訓練と応用訓練に分けられる．例えば，配線作業や組立作業などの基本作業は，作業の反復練習によって習得可能である．既知のシステムを構築するには有効な方法である．トラブルシューティングや新しいシステムの構築などの作業には，注意力，論理的思考力，基本作業の応用力などが必要である．

制御用コントローラー(PLC)のプログラムの作成にも技能が必要である．同じ動作を実現するプログラムは多数ある．プログラムはコンピュータで実行されるため，確実に動作するものでなければならない．同時に，プログラムは人が読み書きするものであるため，作り手の意図を誤りなく伝えるものであると

ともに，バグの混入(プログラムの誤り)を低減できるもの，動作確認のしやすいもの，仕様変更のしやすいものでなければならない．プログラムの構造，構築方法を理解・習得したうえで，一定のルールに従ったプログラムを作成するような教育が必要である．

8.4 技能の評価

これまで国内外でさまざまなロボット競技大会が開催されている．月面探査レース Google Lunar XPRIZE や，ロボットカーレース DARPA Grand Challenge などの競技大会は，新たな技術開発の促進を目的としたものである．これに対し，ABU Asia-Pacific Robot Contest，NHK 学生ロボコンなどのロボット競技大会は，参加選手の人材育成が主な目的である．一般に教育訓練機関からの参加が多いのは後者である．主にロボットの動作などが評価され，競技の順位が決定される．上位入賞を目指してロボットを設計・製作する過程で，教育効果が得られることが期待されている．

また，メカトロニクスに関する技能競技大会も国内外で開催されており，企業や教育訓練機関の人材育成に活用されている．技能競技大会は選手の人材育成が目的であり，上位入賞を目指して訓練する過程での教育訓練効果が期待されている．競技の順位付けのために評価されるのは選手の技能であるが，技能を直接測定することは困難である．与えられた仕様の設備を製作する速さや正確さなどが評価される．一例として，技能五輪全国大会，若年者ものづくり競技大会「メカトロニクス」職種における技能の評価方法を以下に示す．技能五輪国際大会(WorldSkills)でも似たような設備で競技が行われている(図 8.1)．

競技課題

競技課題は，第 1 課題「ステーション製作」，第 2 課題「トラブルシューティング」，第 3 課題「メンテナンス」で構成されている．競技時間は，技能五輪全国大会で約 7 時間，若年者ものづくり競技大会で約 4 時間である．

競技は複数のステーションからなる模擬生産設備を用いて行う．各ステーションには，センサー，アクチュエーター，コントローラー(PLC)が設置され，ステーション同士は通信ネットワークで接続されている．競技課題は当日公表

図 8.1　WorldSkills2017「メカトロニクス」職種の競技課題

である．第1課題では，支給された部品と図面をもとに，模擬生産設備の一部のステーションの機械装置，電気回路，および空気圧回路の製作と調整を行う．さらに，そのステーションを他のステーションや産業用ロボットと組み合わせた生産設備を構築し，仕様書どおりワークが搬送されるように動作プログラムを作成する．第2課題では，第1課題で構築した生産設備に複数の不具合（不具合箇所は非公表）があり，設備が正常に動作しない状態にある．設備診断により不具合箇所を特定し，修復する．第3課題では，第1課題で構築した生産設備について，設備を改善するための保全作業を行う．仕様書どおりの構成や動作となるように，設備を改造する．

評価項目

この競技は，自動生産設備の製造・保守を請け負う選手が，課題で想定する場面に応じて作業を行うものである．第1課題では，受注した設備を製作して納品することを想定している．設備の詳細や製作工程の詳細は仕様書に明記されている．仕様書の指示どおりに設備を製作し，納期である標準時間内に，標準課題の動作を行う設備を納入（課題提出）する．納品時の動作の確認手順は，

仕様書で規定されている．応用課題は，製品に対する付加価値（付加機能）の追加である．仕様書どおりに動作させることが求められるが，動作の確認手順の詳細は明らかにされていない．組立，配線，配管などの作業は，標準的な作業手順書と，仕様書の指示の両方に従うことが求められる．設備が仕様書どおりに動作するか否かと，設備の組立状態が作業基準を満たしているか否かなどが評価される．

　第2課題は，今まで正常に動作していた設備が動作しなくなったという，客先からの修理依頼への対応である．可能な限り短時間で元の状態（仕様書どおりの状態）に復旧させることが求められる．併せて，詳細な修理報告書を提出する．作業に要した時間，設備の動作，設備の組立状態，修理報告書の内容が評価される．

　第3課題は，設備の保全，改善作業である．設備の性能向上や機能追加などの改善作業を行う．各作業の目的と作業後の設備の機能は仕様書で明確にされている．最適な作業方法や要求性能・機能の実現方法を考え，可能な限り短時間で納品することが求められる．作業に要した時間，設備の動作，設備の組立状態が評価される．

8.5　メカトロニクス技術を応用した技能科学

　基本的な機械加工を行う汎用旋盤，汎用フライス盤は，機械加工技能の基礎として広く職業訓練に使用されている．これらの加工機械の主軸を駆動するためには，三相誘導電動機が用いられ，ギアによって段階的な速度調節が行われる．作業者はマニュアル操作で加工条件を設定し，切削作業を行う．旋盤・フライス盤などの機械加工の職業訓練において，受講生が加工状態を定量的に把握することができれば，効果的な職業訓練が期待できる．モーターを動力源とする機械は負荷の状態や機械の状態によって消費電力や電流などが変化する（誘導機故障診断技術調査専門委員会，2010）．すなわち，加工機械の電圧・電流を測定すればモーターの負荷トルクを求めることができ，これにより切削抵抗などの加工状態や加工条件の適否を判断する情報が得られる．機械加工作業の妨げにならず，取り付けが容易に行える加工機械のモニタリング装置として，図8.2に示す装置の構成が考えられる．

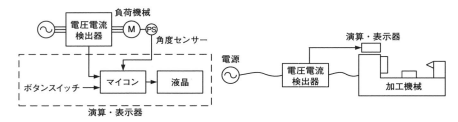

図 8.2　モニタリング装置の構成（左）と設置方法（右）

　加工機械の内部にセンサーを設置すれば，主軸駆動用電動機の状態を正確にモニタリングすることが可能である．これらの技術を数値制御加工機に応用することにより，工具摩耗や欠損などの状態診断が可能になっている．

　熟練作業者の技能を分析すれば，メカトロニクス機器を用いた作業の自動化を行うためには，熟練作業者の技能の分析が必要である．また，メカトロニクス機器を製作するには，メカトロニクス機器を設計・製作する技能の分析も必要である．両面からの技能分析を行うことにより，より良いメカトロニクス機器の開発が期待できる．

参 考 文 献

Communication promoters group of the industry-science research alliance and National academy of science and engineering(2013)："Securing the future of German manufacturing industry, Recommendations for implementing the strategic initiative INDUSTRIE 4.0, Final report of the Industrie 4.0 Working Group."

森政弘(1997)：「ロボットコンテストの意義と願い」，『日本ロボット学会誌』，Vol. 15，No. 1，pp. 2-5.

誘導機故障診断技術調査専門委員会(2010)：「誘導機の故障診断技術」，電気学会技術報告第 1196 号．

第9章
技能の普遍化の工学的アプローチ②
高齢者・障害者の生活を支える匠の技

9.1 福祉工学の役割と課題

　2016年の日本人の平均寿命は女性87.14歳，男性80.98歳となり，いずれも過去最高を更新した．2015年には団塊世代が前期高齢者(65〜74歳)に到達し，2025年には高齢者人口は約3,500万人に達すると推計される．わが国だけでなく全世界においても，2060年には高齢化率が18.1％にまで上昇することが見込まれており，今後半世紀で高齢化が急速に進展することになる(内閣府, 2017)．

　一方，内閣府の調査(内閣府, 2014)によると，身体障害者393万7千人，知的障害者74万1千人，精神障害者320万1千人となっており，複数の障害を併せ持つ者もいるが，国民のおよそ6％が何らかの障害を有している．障害者の人数は，医療技術などの進歩により高齢者人口と同様に増加傾向にある．

　平均寿命の延伸する一方で，健康で生き生きと生活する期間である健康寿命と平均寿命との差を短縮することが，生活の質の低下を防ぐ観点からも，社会的負担を軽減する観点からも重要となる．さらに，障害者の高齢化に伴い，介護や介助も解決しなければならない重要な問題となる．少子高齢化が進行するなか，医療・福祉分野の果たす役割は大きく，安心・安全で質の高い生活を実現ならびに高齢者等の要介護期間の低減と国民の健康寿命の延伸に資するための医療・福祉分野の人材の需要が高まっている．このような社会背景に伴って，医療の力では克服できず，障害が残ってしまう人やその人をサポートする人を工学的に支援する分野である「福祉工学」が担う役割と可能性は非常に大きい(伊福部, 2014)．

　福祉工学は，障害者や高齢者に対して工学的に支援する手段を研究する学問

領域であり，工学技術だけでなく，医学，理学，社会学，心理学，教育学，経済学などと深くかかわっている複合領域である．福祉工学ではユーザー一人ひとりの障害特性や社会環境などを踏まえて福祉用具を扱うため，特定の専門家に知識とノウハウが蓄積されることが多い．本章では，一例として義肢装具士の匠の技と工学的アプローチについて紹介する．

9.2 義肢装具士の匠の技と工学的アプローチ

事故や病気などで手足を失ってしまった，あるいは体幹の機能に問題が生じている人に対して，ユーザーの身体に適合した義肢や装具が提供される．「義肢」とは，身体の一部を失った場合に，その形態あるいは機能を復元するために装着，使用する人工の手足のことであり，「装具」とは，怪我や病気の治療手段や，四肢・体幹の機能障害の軽減を目的として用いられるものである(依田, 2011)．図9.1の左図は，膝から上を切断された患者が使用する大腿義足であり，右図は，足関節の動きを制御する目的で使用する短下肢装具である．

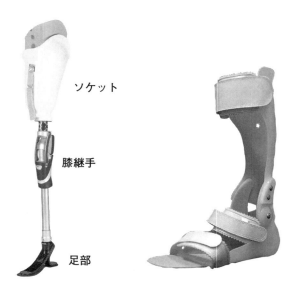

注） 左図はOttobock社の提供による．

図 9.1　大腿義足と短下肢装具

近年では，高齢化に伴う介護・介護予防，海外被災地でのNGO活動，パラリンピックなどの障害者スポーツやレクリエーションの活発化により，義肢装具の需要は高まっている．

義肢装具の製作

義肢装具は，国家資格を有する義肢装具士によって製作される．義肢装具士は，リハビリテーションスタッフの一員として，医師の指示の下に看護師や理学療法士，作業療法士と連携しながら，義肢・装具などの採寸・採型から設計・製作，身体への装着・適合までを行う職種である．義肢装具士は，義肢装具ユーザーの自立した生活をサポートする重要な役割を担っている．国家資格である技能検定制度の一種として，義肢装具製作作業があり，検定に合格すると一定の技能や知識を有すると認められた義肢装具士の資格が得られる．

義肢装具は，ユーザーに合わせて図9.2に示す，「採寸・採型」→「組立て」→「仮合せ」→「仕上げ」→「最終適合」の手順で製作される．

① **採寸・採型**：ユーザーによって長さや形状，皮膚の状態が異なるため，患部の状態を細部まで観察してデータを取得する．患部に石膏ギプス包帯を筋肉に密着するよう巻き，陰性モデルを作成する．採型した陰性モデルに石膏を流し，陽性モデルを作成する．観察データを元に，タイトにする部分は削り，骨の突出している部分などの修正を施す．この作業がソケットの適合を大きく左右する，義肢装具士の匠の技が最も必要とされる工程である．

② **組立て**：手足などの断端部分を納めるソケットと金属のパーツを組み

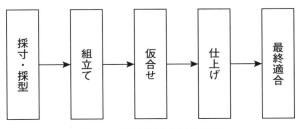

図9.2 義肢装具の製作手順

合わせる．このとき，ユーザーの負担を少なくするために，ソケットと足部あるいは手先具の相対的位置関係を示すアライメントを調整する．
- ③　**仮合せ**：アライメント調整と組立てが終了した後，義肢を実際にユーザーに装着し，体重のかかり方や圧迫具合など観察し，調整する．ユーザーとコミュニケーションを図りながら調整・補正を繰り返す．
- ④　**最終適合**：義肢装具は，ユーザーにとっては毎日生活をともにする身体の一部であるため，安心かつ安全で心地良く使用できるものでなければならない．そのために，ユーザーの声を聴き，反応を観ながら，一人ひとりの身体にフィットするように微調整する．

義肢装具を製作・適合するうえで重要となるのは，ユーザーのニーズであり，どれだけ高機能で優れた義肢や装具を提供しても，ユーザーに適合していないものであれば満足は得られない．さらに，人の身体は複雑であり，身体部位の太さ，長さ，皮膚の状態，筋肉の付き方などには個人差があり，義肢装具の使用目的にも違いがある．そのため，義肢装具士は，幅広い分野からの専門知識と高度な技術，蓄積された経験，ニーズを聴き取り具現化する力，ユーザーとの信頼関係を築くコミュニケーション力などを総合して「ユーザーに寄り添ったものづくり」を行っている．

義肢装具の良否

義肢装具の良否は，身体に接触するソケット形状ならびにアライメントの適合性の両者により決まる．切断端を入れるソケットは，人の皮膚とソケットの材料であるアクリル樹脂あるいはカーボン繊維が直接接触し，ユーザーの全体重を支える重要なインタフェースである．ソケットの適合性が良好でない場合は，切断端で瘡を生じやすく，歩行の妨げとなる．特にスポーツ用ソケットは，軽量かつ高強度で耐久性があり，可動域を制限せず，動作時にソケット内で患部が変形しないなど多くの要求を満たすものでなければならない．ソケットは，ユーザーごとに形状が異なることから，使用感に合わせた微調整が必要であり，義肢装具士の技が求められる．

ソケットを製作するにあたり，熟練した義肢装具士の経験や勘にもとづく採寸・採型作業の手法は，装着部位の皮膚障害を軽減可能なソケットを得るうえ

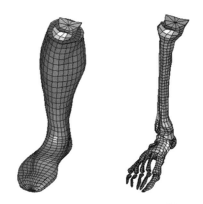

図 9.3 骨格モデル(右)と下腿モデル(左)(丸山ほか,2009)

で,重要な手がかりとなる.これらの技能を定量的に評価することで,一定の品質を保証することができる.近年,CAD/CAM 技術の導入によるソケット装着部の 3 次元形状計測とソケット製作のシステム開発が行われている.図 9.3 に示すように CT 画像,MRI 画像,超音波計測から得たソケット装着部の表面形状,骨ならびに軟部組織などの内部組織形状の 3 次元データを用いて有限要素応力解析を行い,ソケットの適合状況を可視化する(尾田ほか,2009).ユーザーの使用状況を考慮して,人体の義足装着部位に作用する応力やそれに伴う軟部組織の変形ならびに血流などを予測することで,良好な適合性を有する義肢装具をユーザーに提供することが可能となる.さらには,ユーザーに適合したソケットを推定し,義肢装具士への基礎的データとして役立てることも可能となる.今後,義肢装具の技能の定量化とデジタルファブリケーション技術を融合することで,ユーザー一人ひとりの特性に応じた義肢装具の製作が可能となる.

9.3 福祉工学における ICT の利活用

福祉用具を開発するためには,企業や研究者など開発者側がユーザーである障害者の特性や生活環境などを深く理解し,そのニーズを正しく把握することが重要となる.一方で,ユーザーの声が開発者に届きにくい,あるいは開発し

た製品の情報がユーザーに届かないといった状況がある．福祉用具を新規に開発する場合には，さまざまな専門分野の技術を融合する能力が求められるため，経験が浅い場合には，なかなか手を出しにくい現状もある．

　近年，ICT（情報通信技術）基盤の整備とそれに伴うICT利活用の進展により，すべてのものと人がつながり，必要なもの・サービスを，必要な人に，必要な時に，必要なだけ提供する社会になりつつある．福祉分野においてもICTの利活用により，高齢者や障害者がもつ個別の特性やニーズに対応したケーススタディーを一つひとつ積み重ねてデータとして集約することで，福祉工学の技術の確立ならびに技術・技能とノウハウの蓄積につながり，福祉用具の開発の手助けとなる．さらには，福祉用具の支援者側に，ユーザーの要望を抽出し，適切できめ細やかな支援・サービスが可能となる．

参 考 文 献

伊福部達(2014)：『福祉工学への招待』，ミネルヴァ書房．
尾田雅文，原利昭(2009)：「義足ソケット形状決定のための下腿モデリングシステム」，『日本機械学会論文集C編』，Vol. 75，No. 754，pp. 1725-1732．
内閣府(2014)：『平成26年版障害者白書』．
内閣府(2017)：『平成29年版高齢社会白書』．
丸山倫靖，花房昭彦，池田知純，不破輝彦，中山剛(2009)：「下腿人体モデルを用いた動的有限要素法による短下肢装具の立脚期変形解析」，『生体医工学』，Vol. 47，No. 5，pp. 450-456．
依田光正編著(2011)：『福祉工学』，理工図書．

第10章

技能の普遍化と工学的アプローチ③
電気分野における技能の定量化・形式知化

10.1 電気技術の発展の経緯と要求される技能

　電気技術は，端的に言えば導体内を電子が移動する性質をエネルギー変換や情報処理といった工業に応用する技術である．電子の動きを人間の目で直接見ることは難しいが，工業への応用に限れば一定の法則（マクスウェル方程式などの電磁界の基礎方程式，限定的な電気回路であれば抵抗・インダクタンス・キャパシタンスを用いた回路方程式など，黎明期より先人が解明・発展させてきた理論）にもとづいて高精度なモデル化が可能な場合が多い．例えば，代表的な電気機器であるモーターの動特性は電気回路でモデル化でき，電源回路や制御回路の影響を含めた数値シミュレーションが可能であるし，近年では，コンピュータの計算速度が向上したため，モーターそのものを電気回路よりも厳密な電磁界の基礎方程式で記述してリアルタイムで高精度にシミュレーションすることも可能である．このため，電気技術は「高性能化・最適化・高効率化」といった産業ニーズを容易に達成することを得意としており，国内外で多くの関連する技術研究がなされている．

　一方で，電気が使われる工業分野ではどのような技能が要求されるのであろうか．太田(2007)は，電機メーカーにおける国内外の関連グループ会社の共通の取組みとして行っている技能伝承の事例について，伝承の対象とされる主な技能を表10.1のように分類している．①〜⑤の加工・接合・電工・塗装・組立は，電機分野のものづくりで直接必要とされる技能である．⑥〜⑫の計測・分析認定・保守・品質管理・技能教育・安全教育・サービスは，ものづくりの実施に付帯して必要となる技能である．これらは，いずれも電気工学が得意とする電磁界の基礎方程式や回路方程式に立脚したモデリングによる「高性能

表10.1 電機メーカーで要求される技能

区分	項目	技能の内容(例)
直接技能要素	①加工	きさげ,やすり仕上げ,プレス曲げ
	②接合	溶接,ろう付け,はんだ付け
	③電工	コイル巻線・組線,電線端末処理
	④塗装	前処理,吹付け
	⑤組立	芯出し,製缶,精密組立,プラント
付帯・サービス技能要素	⑥計測	精密測定,電位測定
	⑦分析認定	物理・化学分析,材料分析
	⑧保守	設備保守,施設保守,計測器測定
	⑨品質管理	外観検査,振動試験,耐圧試験
	⑩技能教育	技能検定指導用
	⑪安全教育	安全作業,設備安全,5S
	⑫サービス	据付・修理・設備点検など

化・最適化・高効率化」の適用が容易には実施できないものばかりである.よって,これらの定量化には一般的な電気工学で有効とされてきたソリューションとは異なるアプローチが必要である.

10.2 技能の定量化・形式知化に向けた取組み

本節では,表10.1に分類される技能の定量化・形式知化に関する近年の取組みを紹介する.

はんだ付け

はんだ付けは,はんだ(やわらかく融点が低い金属)をはんだごてで熱して溶かし,接合する2つの導体に流し込むことで,導体同士を接合する作業である.強電から弱電まで極めて多くの用途で使われており,電気分野にかかわる技能者・技術者・研究者・教育者などのほぼ100％が習得する基本技能である.しかしながら,いわゆる「上手なはんだ付け」を行うには,作業者は導体の温度管理や流し込むはんだ量など,複数の要素を瞬時に判断して作業することが必

要である．このため，はんだ付けの出来栄えには差異が生じやすい．また，接合させる導体の種類や形状は実にさまざまであるため，はんだ付けの良否を一義的に評価することは容易ではない．また，はんだの材料として使われていた鉛の有害性が広く認識されるようになり，近年では「鉛フリーはんだ」が普及している．このため，従来よりも融点の高い材料を使用することを踏まえたはんだ付け技能の指導法は，多くの指導者の関心となっている．このような背景のもと，はんだ付けに関する多くの技能研究が報告されている．

　電機メーカーでは，技能の定量化によって自動はんだ付け装置の性能を改善する試みが多く検討されている．

　町田ほか(2007)は，電子部品と基板のスライドはんだ付けで鉛フリーはんだを適用させる際，従来と同一の工程条件では安定に製造できない懸念から，ファインピッチ用鉛フリー糸はんだの選定評価技術を検討し，ランドピッチと相関する「はんだの切れ長さ」という評価特性を見出した．スライドはんだ付けで発生する代表的な不良は「はんだブリッジ」(基板上で隣り合うランド同士がはんだで短絡してしまう不良)と「はんだ量少／過多」である．特に，ランドピッチをファイン化していくと，はんだブリッジ不良が発生する．そこで，高速度カメラによる挙動観察から「はんだ切れ」がはんだブリッジ不良の発生を左右することを指摘するとともに，はんだが切れるまでの長さを短くすればはんだブリッジを防止できることを明らかにした．また，はんだ切れ長さは同じ鉛フリー剤でも長いものと短いものがあること，はんだの必要量より供給量が多いとはんだこての先端部に余分なはんだが溜まっていきスライド後半ではんだブリッジが多発してしまうことを突き止めた．これらの成果を活用し，工程機能から求めた特性値を用いて製造性の良否を直接的に計測できるようになり，従来の外観検査(形状や光沢による評価)と比較して定量的な評価が可能となった．

　西森ほか(2001)は，大型・高多層基板で良好な自動鉛フリーはんだ付けを行うためにはこれまでになく均一な加熱を可能とするリフロー装置が求められることを指摘し，温度シミュレーションによって基板上の温度を予測できる熱加熱方式(各ゾーンに加熱時間制御機能をもたせた新方式)を採用した多ゾーンリフロー装置を開発するとともに，この出来栄え(スルーホール内のはんだ充填

率検出)を検査できる3次元X線装置を開発している．

　教育機関では，はんだ付けの技能習得に関する研究が多く行われている．

　田村ほか(2011)は，はんだ付け形状をレーザー変位計で測定し，はんだ形状・はんだ量・ばらつきなどによるはんだ付け技能の定量化を試みている．このなかで，マハラノビス距離(例えば，人間の身長と体重のように特性に相関関係がある場合の分布の中心からの距離)を指標にすることで，作業者自身がはんだ付け技能の改善ポイントを客観的に発見できる可能性を示している．

コイル巻線・組線

　前掲の表10.1の技能要素の中には，特定の会社内といった限定的なネットワークのみで活用される形式知にとどまっており，「オープンな形式知」として一般に公開されていない(すなわち書籍や論文など誰もがアクセスできる媒体に十分な情報が載っていない)技能要素もある．荒(1988-1989)は，単相内鉄形変圧器と24スロットの三相かご形誘導電動の固定子巻線換え設計を経て，製作・試験までを一貫して行う実習用教材のなかで，「コイル巻線・組線・組立」における設計・製作に関する基本技能を体系化して示している．特に，1台の変圧器および誘導機の巻線換え設計を完了するのに必要となるすべての計算式を提示するとともに，手作業による「コイル巻線・組線・組立」を作業分解し，すべての工程の作業例を明文化している．

め　っ　き

　廣瀬(2012)は，めっき受託加工企業へのアンケート調査から，自社内で次世代に継承すべきめっき技能は，「現場で何かトラブルがあったときに素早く対応できる」，「適切なめっき条件が設定できる」，「めっき装置や周辺機器の保守と修理ができる」，「めっきプロセスに関する作業改善ができる」といったトラブル対策に関するものであることを指摘し，メーカー独自の業務を通じて培ったトラブル対策を社内で継承・共有化する付加機能をもつITツール「めっき加工テンプレート」を開発している．欠陥に対する情報を「要因」，「対策」，「判別」に分類し，これらを有機的に体系化したネットワークを構築し，真に必要な情報の抽出と更新の精度を高めたものである．めっき欠陥に対する要因

の欠陥発生数をカウントできる機能を付加した「めっき欠陥要因テンプレート」では，テンプレートの使用を通じて欠陥要因の順位付けを行う能力を向上させることを狙っている．「めっき欠陥対策テンプレート」では，欠陥対策をトラブル対策やクレーム処理に関する事例として検索できるようにしたほか，複数の対策を施した際の効果性を階層分析法で分析することにより，技能者の経験を反映した重みと順位付けを可能にしている．「めっき欠陥判別テンプレート」では，欠陥計測に適した角度，ズーム，ピントといった，欠陥画像情報の計測ノウハウの蓄積もできるようにしている．

ドライバー操作

野方ほか(2015)は，初学者へのドライバーなどの工具操作の技能指導に際して「メンタルモデル」の導入が有効であることを主張している．メンタルモデルとは，ある対象に対して，それがどのようなものであるかという心の中のイメージを指す．「ドライバー→電気スクリュードライバーの順の操作体験」と「自らの操作状況を認知・把握させる問答」を組み合わせることで，最も多くの被験者のメンタルモデルの改善が見られるとともに，メンタルモデル改善者の多くが，初学者に不足しがちになる「押す力」が増加する傾向を有していたことを明らかにしている．ドライバー操作に限らず，適切な「メンタルモデル」を認識することで，視覚的なモデルとして操作のコツを理解できる．電気工具の正しい(円滑かつ安全な)操作法の習得に役立つ概念であると考えられる．

10.3 今後の展望

工学的アプローチによる電気技能の普遍化は，個別の現象を地道に注意深く観察・計測することから一定の法則を見出すケースが多い．今後の展望としては，現在電気分野の研究開発で多用されている連成解析(電磁界解析と機械構造解析のモデルを連成して解析することで，応力や温度上昇の影響を電磁気特性の計算に考慮する解析)において，固体や流体で形成される材料の物理的変化を考慮できるようなモデリング技術が発達すれば，電気分野の工作や製造時における事象を直接モデリングできるため，実験による事象の観察・計測と数値シミュレーションによる事象の解析との両面から，電気分野の技能をより明

確に解明できるようになると考えている．

参 考 文 献

荒隆裕(1988-1989)：「電気工事教室　図説電気機器入門「変圧器および誘導機と制御」(1)～(15)」,『電気工事の友』, 1988年4月～1989年7月.

太田光洋(2007)：「電機業界における技術・技能伝承の具体事例「e-Meister活動」」,『生産と電気』, Vol. 59, No. 11, pp. 22-27.

田村和夫, 佐々木英世(2011)：「はんだ形状によるはんだ付け技能の定量化の試み」,『実践教育ジャーナル』, Vol. 26, No. 1, pp. 15-18.

西森直樹, 常松祐之(2001)：「ロボットはんだ付けの製造性評価技術の開発—ファインピッチ用鉛フリー糸はんだの選定評価について」,『OMRON TECHNICS』, Vol. 41, No. 2, pp. 116-119.

野方健治, 有川誠(2015)：「ドライバー操作のメンタルモデル改善による技能指導法の開発」,『日本産業技術教育学会誌』, Vol. 57, No. 2, pp. 103-111.

廣瀬伸吾(2012)：「めっき熟練作業者の技能要素分析とデジタル化ツールの研究開発—「めっきデータベース」,「めっき加工テンプレート」—」,『精密工学会誌』, Vol. 78, No. 12, pp. 1043-1048.

町田政広, 小日向隆, 小板橋雄也(2007)：「大型・高多層基板の鉛フリーはんだ付け工法の開発～世界No.1のOKI EMSを目指して～」,『OKIテクニカルレビュー』, Vol. 74, No. 2, pp. 112-115.

第11章
技能の普遍化と工学的アプローチ④
材料・器具および工具開発による省力化

11.1 電気工事の技能と特徴

　電気は非常に使い勝手の良いエネルギーであり，ありとあらゆる場所で利用されている．一方で，その使い方を誤ると危険でもある．例えば，感電により 10 mA 程度の電流が人体に流れると，その人は苦痛を伴った電気的ショックを感じ，電流が 100 mA を超えると，死に至ることもある．また，電線の接続に不良箇所があると，その部分での発熱により周囲の絶縁物が劣化する．これが短絡・地絡事故に発展し，電気機器や配線の損傷や火災を招くこともある．このような災害を防ぐためには，電気を供給する設備が安全であることが必要条件であり，その施工が適切になされることが極めて重要といえる．

　ビルや工場，一般家庭における電気設備の施工を電気工事と呼ぶ．電気工事では，電気機器および材料の取り付け，電線の切断および電線相互の接続，電気機器および材料への結線，電線を保護する金属や合成樹脂製の電線管の加工などを行う．また，電気工事において示される配線図や施工の条件には，どの電線とどの電線を接続するかといった細かな施工手順までは記載されていないため，最終的に電気工事に携わる技能者の判断で施工することになる部分が少なくない．さらに，電気工事で使用する器具・材料および工具は，多種多様であるのと同時に日々新製品が開発されており，電気工事の技能者は，それらを適切に使用できなくてはならない．このように，電気工事に携わる技能者には，電気に関する理論から器具等の取り扱いに至るまで，幅広い知識が必要である．電気工事の品質を維持するために，電気工事に携わる技能者は，職業資格として第一種あるいは第二種電気工事士という国家資格を取得することが義務づけられている(以下，電気工事に携わる技能者を電気工事士という)．

電気工事において安全な設備を施工することが大前提である．このことは，電気設備の仕様を満たし，かつ，電気設備の技術基準や内線規定などを遵守して正確に作業することを意味している．ただし，実際にはそれだけでは不十分である．まず，重要となるのは，「見た目の美しさ」である．近年では，電気の配線は天井裏や壁の内側などに沿わせてあったり，接続部分はジョイントボックスと呼ばれる箱の中に収められたりした隠蔽配線が主流であり，ケーブルや電線管などが人の目に触れることはほとんどなくなってきている．しかしながら，工場等の生産現場や海外の設備などでは，現在でも，電気設備を露出させて施工することが少なくない．そのような場合，見栄え良く施工することが重要である．また，そのような設備は，点検が的確にでき，かつ，改修工事などで配線を一部変更するような場合でも非常に作業しやすい．すなわち，美しく施工された電気設備は，安全かつ扱いやすい設備になるのである．もう一つ必要なことは，施工にかかる時間をできるだけ短くすることである．建設業においては，施工にかかる時間は建設コストに大きく影響する．電気工事の一つひとつの作業が速くなれば，大きなコストダウンにつながるのである．その他，最近では，環境への配慮にも気をつけなければならなくなってきている．材料をできる限り節約したり，環境負荷の小さい器具・材料を使用したりといった取組みなどがそれにあたる．いずれにしても，電気工事士の知識と技能が問われることになる．

　電気工事は完全オートメーション化が不可能であると考えられており，どうしても人の手による作業が必要となる．そのため，前述の電気工事士という職業資格が存在する．それに加え，電気工事会社等では，社員教育として電気工事に関する技能を徹底的に習得させている．また，高校生や職業訓練施設の訓練生，あるいは若手社員による電気工事の競技大会が数多く開催され，電気工事業界全体の技能向上が積極的に図られている．優れた技能と経験を有している技能者は，申請により厚生労働省「ものづくりマイスター」に認定され，中小企業や教育訓練機関の若年者に対する実技指導を通じて，技能の継承や後継者の育成を行うという制度もある．

11.2 材料・器具および工具の開発による省力化

電気工事を行うために，幅広い知識と高い技能をもった電気工事士が必要である．ものづくりマイスターのように卓越した技能者がいれば理想であるが，現実には，多くのいわゆる普通の技能者で施工にあたらざるを得ない．そのような技能者でも安全かつ効率的に電気工事を行うことができるように，電気工事の分野では，材料・器具および工具の開発による作業の省力化が図られてきている．以下にその事例について示す．

材料・器具開発による省力化

電線同士の接続は電気工事士にとって最も基本的で正確性を要する作業の一つといえる．この作業で重要なのは，電線を接続することによって，その部分の電気的特性を損なわないようにしなければならないという点である．以前は「供巻き」あるいは「ねじり接続」とはんだ付けとを組み合わせた方法で電線相互の接続を行っていた．図 11.1(a) に示すように，まず，絶縁電線の絶縁被覆を必要な長さだけ剥き取り，接続する導線相互の導体部分を手でねじり合わせる．これだけでは，導電性が十分ではないため，その部分をはんだ付けする．はんだ付けの際には，はんだごてをガソリントーチランプで加熱したり，はんだ付けする電線接続部分を直接ガストーチランプで加熱したりする．はんだ付けした部分は，絶縁テープなどを巻いて，導体部分が露出しないように処理する．この作業を適切にかつ迅速に行うためには，高い技能が必要であった．その後，電線相互の接続方法は，スリーブによる圧着接続へと変わっていった．これは，スリーブと呼ばれる筒状の金属に，接続する電線の導体部分を一緒に挿入し，専用工具を用いてスリーブごと潰すようにして圧着接続するというものである(図 11.1(b))．接続する電線の太さと本数によって，使用するスリーブのサイズと専用工具のダイスのサイズが決まっており，それさえ間違えなければ，誰でも確実に接続することができる．また，以前の方法に比べて圧倒的に短時間で作業できるため，現在でも行われている方法である．なお，接続後には，絶縁テープなどによる処理は必要である．現在主流となっている方法は，差込形コネクターによる接続である．これは，図 11.1(c) に示すように，接続

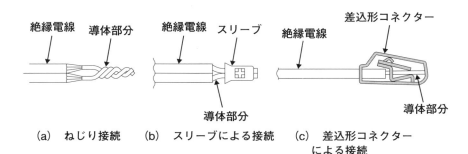

図 11.1 電線相互の接続方法

する電線の絶縁被覆を所定の長さだけ剥ぎ取り,差込形コネクターの穴に挿入する.接続する電線の数が2本なら2本用の差込形コネクターというように,電線の数に合わせてコネクターを選ぶ.この方法の場合,使用するコネクターに関する知識や専用工具が不要である.また,コネクターの表面が絶縁物でできており,絶縁テープなどによる処理も必要ない.スリーブによる圧着接続に比べると信頼性がやや低いことから,施主などから動力回路等には使用しないようにと指示される場合もあるが,最も省力化された方法といえ,広く使用されている.

　スイッチやコンセントなどの器具への電線の結線についても,差込形コネクターと類似した省力化が図られている.もともとスイッチやコンセントへの結線は,それらの器具のねじ締め端子に,電線の導体部分を巻き付けるようにし,所定のトルクでねじを締めることで結線していた.この場合,あらかじめ導体部分を輪のように加工しておくことや,ねじを所定のトルクで締め付けるといった技能が必要となる.最近では,差込形コネクターと同様に,絶縁被覆を所定の長さ剥き取り,導体部分を器具の結線用の穴に挿入するだけで適切に結線できるタイプのものが主流である.

　その他,金属製の電線管においては,電線管とボックスあるいは電線管相互を接続するために,ねじを切らなくてはならなかったものから,ねじを使用しなくても接続できるものに置き換わっている.また,樹脂製の電線管では,ガストーチランプなどを使用して加熱しながら曲げ加工をしていたものから,初

めから可とう性があり，手で自由に曲げられるものへと変化してきている．いずれにしても，安全な電気設備を施工するために必要な性能が備わっているか確かめるための十分な試験を経て使用されていることは言うまでもない．

工具開発による省力化

電気設備の安全確保および電気工事の効率化のためには，工具の開発による作業の省力化も有効である．電線管の加工等の一部の作業を除けば，電気工事に最低限必要な工具は，電工ナイフ，電工ペンチ，ドライバー，プライヤーおよび圧着工具である．しかしながら，実際に，これらの工具のみで電気工事を行うには，高い技能を必要とするのと同時に，多くの時間を要する．例えば，電気工事のなかに，電線の絶縁被覆を剥ぎ取る作業がある．この作業では，決められた長さの絶縁被覆を，導体に傷をつけることなく剥ぎ取らなくてはならない．一つの電気設備に対する工事のなかで，この作業を行う回数は極めて多く，この作業を電工ナイフを使用して行えば，それだけで相当な時間がかかるであろう．また，それだけの回数，適切に作業することも決して簡単なことではない．現在では，ワイヤーストリッパーと呼ばれる絶縁被覆の剥ぎ取り専用の工具を使用することが一般的になっている（**図 11.2**）．ワイヤーストリッパーには，電線の導体径に合わせた歯が何種類か付いており，電線の導体に傷をつけることなく絶縁被覆を容易に剥ぎ取ることができるようになっている．ワイヤーストリッパーの普及により，電気工事の品質および施工の速さが格段に向上した．

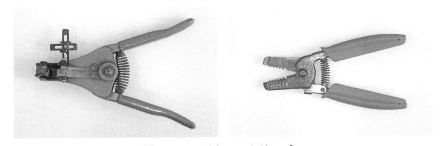

図 11.2　ワイヤーストリッパー

技能の普遍化という観点からこれまでの電気工事の状況を考えてみると，最先端の技術を駆使して極めて高度な技能を実現しようとするよりむしろ，一つひとつは小さな改良であるが，その波及効果が大きく，全体としての安全性と効率性の高い技能を実現することに貢献しているという実態がある．このことは，電気工事の一つの特徴と捉えることもできる．

11.3　施工方法の進歩による省力化

これまで説明してきた個別の作業に対する省力化に加え，施工方法の進歩による省力化も進んでいる．例えば，プレハブケーブルによる電気工事である（中尾，2006）．これは電気設備の配線図などに従って，配線のケーブル計尺，切断，回路接続，絶縁処理などを，あらかじめ工場で行い，現地に持ち込んで施工する方法である．これにより大幅な施工省力と工期短縮が図られている．

11.4　今後の電気設備と電気工事

一般家庭においても照明・空調やセキュリティシステムを一括管理するホームオートメーションが導入されつつある．これまでの電気工事では，負荷ごとに配線を行うため，設備が煩雑になっていたのに対し，上記のシステムでは，各機器がメインとなるシステムとLANケーブルや無線でつながったネットワークを構成するため，配線が非常にシンプルになる．また，複雑な制御もソフトウェアによって実現でき，仕様変更も極めて容易である．このようなシステムが普及すれば，電気設備の利用者の利便性が向上するだけでなく，電気工事の省力化がよりいっそう進むことになる．

参 考 文 献

中尾公一(2006)：「プレハブケーブルの最新の動向」，『電気設備学会誌』，Vol. 26，No. 8，pp. 589-591.

第12章
技能の普遍化の工学的アプローチ⑤
光をプローブとした計測技術

12.1 最新の計測光学技術

ハワイ島マウナケア山頂(標高 4,200 m)にある「すばる望遠鏡」は，日本の国立天文台が運用する大型光学望遠鏡である．図 12.1 は，口径 8.2 m のすばる望遠鏡の主鏡で，平均誤差 12 nm の滑らかな一枚鏡に磨かれている．261 本のアクチュエーターが主鏡を裏面から支え，望遠鏡がどの方向を向いても常に平面を保てるように制御されている．2006 年には，当時の観測史上最遠となる 128 億光年離れた銀河を発見している．

レーザー干渉計重力波観測所(Laser Interferometer Gravitational-Wave Observatory：LIGO)は，2017 年初頭に 3 度目の重力波の検出に成功した．

提供） 国立天文台．

図 12.1 すばる望遠鏡の主鏡とそれを裏から支えるアクチュエーター

LIGOは,米国にある3,002 km離れた2つの観測所(ルイジアナ州リビングストン観測所とワシントン州ハンフォード観測所)にそれぞれ設置されているレーザー干渉計による重力波観測施設を一対として運用し,検出感度を上げることにより重力波の検出に成功した.レーザー干渉計は,一辺が4 kmのL字型の超高真空システムに設置されている.LIGOによる重力波の検出により,ビックバンなどの宇宙創成に関する情報など,新しい発見が期待されている.

一方,現代の高度な社会システムを支えるために必要不可欠な集積回路(Integrated Circuit：IC)は,配線パターンの極小化,回路の高集積化が進み,回路パターンの最小線幅14 nm,シリコンウェーハの大口径化450 mmの時代を迎えている.多くのICを効率的に生産するためには,シリコンウェーハに数十 nm程度の平面度が要求され,喩えれば関東平野の広さに存在する凹凸を数 mmの精度で測定することができる高度な検査装置が必要となる.図12.2は,平面度校正の国家標準機として国立の研究所が開発したレーザー干渉計装置である.さらにICの製造工程では,ナノメートルオーダーの製造機器の制

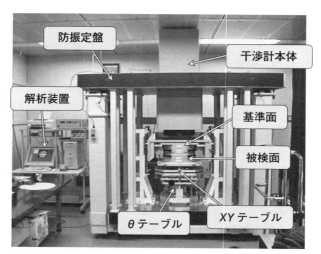

出典) 尾藤洋一(2008)：「フィゾー干渉計による絶対平面度測定装置」,産業技術総合研究所,https://www.nmij.jp/~nmijclub/kika/docimgs/bito_20080715.pdf

図 12.2　超高精度大口径平面干渉計の外観

御が必要であり，機器の変位を高精度で計測する必要がある．これらICの検査装置，計測機器には，極めて高い測定精度を有するレーザー干渉計測が利用されている．このように，「光」を利用した計測法は，現在多くの分野で利用されており，計測の応答性の速さ，被計測対象にほとんど無負荷（非接触・非侵襲）で計測できる，広範な測定レンジ（宇宙の彼方からナノオーダーまで）を有しているなどの特徴がある．

12.2　レンズ研磨加工技能の登場と顕微鏡・望遠鏡の発明

「計測光学機器」として，最も早く歴史上に登場したのは老眼鏡メガネ（凸レンズ）で，13世紀，イタリアのベネチアで水晶や緑柱石など透明な鉱石を磨いてつくられていた．当時はたいへん高価なもので，文字の読める一部の特権階級や聖書を研究する修道士だけが使っていた．このメガネの作成をきっかけに，レンズ研磨加工に関する技能が芽生えたと考えられる．13世紀以降，ベネチアではガラスをつくる技術がたいへん進み，ガラス製のメガネが出始めた．当時のベネチア共和国は，ガラス製造からメガネの製作まで行うことができるメガネ職人の国外への転出を禁じ，メガネの作成技術の流出を抑えようとした．14世紀中頃に，両眼のメガネを掛けた修道士の肖像画が残されており，現存する世界で最初に描かれたメガネの絵とされている（ベネチア，サン・ニコロ教会1352年作）．

　1445年，グーテンベルク（J. Gutenberg）による活版印刷の発明により，それまで宗教関係者だけしか閲覧できなかった『聖書』が一般民衆に行き渡るようになり，時を同じくして近視用のメガネ（凹レンズ）が登場するようになる．このメガネの普及により，メガネを大量生産するための分業化という技術革新が起こり，ガラスを製造する人，ガラスをレンズの形に切って磨く人，枠をつくってレンズをはめてメガネをつくる人など，ベネチアを離れてヨーロッパ各地でメガネ製作に携わる職人の数が増えていった．分業化に伴いそれぞれの技能も高度化していき，高品質なガラス製造の技能が誕生し，高度なレンズ研磨加工技術も生まれた．日本にメガネが伝来したのもこの時期で，16世紀，宣教師フランシスコ・ザビエルが周防（現在の山口県）の守護大名，大内義隆に謁見の際，メガネを献上したのが最初であると伝えられている．18世紀には，

日本でも多くのメガネが国内生産され，鏡師というメガネレンズを磨く職人が登場するようになる．

　1590年，オランダのメガネ職人であったハンス・ヤンセン(H. Janssen)とその息子のツァハリアス(Z. Janssen)は，2つのレンズを組み合わせた複式顕微鏡を発明した．1608年には，ヤンセン家の近所で，やはりメガネ職人であったリッペルスハイ(H. Lippershey)が屈折式望遠鏡を作成している．ガリレオ・ガリレイ(G. Galilei)は，1609年自らレンズを研磨して，凸レンズと凹レンズを組み合わせたガリレオ型望遠鏡をつくり，月面の凹凸の発見，木星の衛星観察など数々の天文観察を行った．1611年，ケプラー(J. Kepler)は，『屈折工学』を著し，その中でケプラー型望遠鏡，顕微鏡の理論を記述している．当時の覇権争いのための軍事や航海のために，遠くを見ることができる望遠鏡は，一気に広まっていった．地上用ではガリレオ式が，天体観測用ではケプラー式が普及した．1665年，ロバート・フック(R. Hooke)は，「Micrographic」を発表し，自ら製作した複式顕微鏡を使って，さまざまな動植物を観察し，その精緻な観察図版を発表した．レーベンフック(A. van Leeuwenhoek)は，1670年頃から一つのガラス玉レンズを使った単式顕微鏡により，高倍率な像の観測に成功した．彼が発表した赤血球(1674年)，犬と人の精子(1677年)，酵母(1680年)は，その後の生命科学の基礎となる発見となった．このようにメガネの製作過程で製造されるようになったレンズを利用して，小さいものを拡大して見ることができる顕微鏡，遠くの天体を観測できる望遠鏡をつくる技能が誕生することになる．

　一方，科学的な観点で見てみると，光の直進性や反射の法則について最初に論じたのは，紀元前300年頃，「幾何学の父」と称される古代ギリシャのユークリッド(Euclid)である．その後140年頃，光の屈折現象についてプトレマイオス(Ptolemy)が論じたが，内容は不完全なものだった．この時期，他の科学者(自然哲学者)を含めて，光学に関して大きな科学的進展はなかった．1000年頃，アラビアの科学者アルハーゼン(Alhazen)は，種々の光学現象の実験を精力的に行い，人間の視覚の研究なども行い，『光学の書』を著した．『光学の書』は，その後ラテン語に翻訳され，西洋科学に多大な影響を与えた．1260年頃，英国の科学者ロジャー・ベーコン(R. Bacon)は，レンズの拡大作用につ

いて論じ，望遠鏡の原型のような装置をつくった．ベーコンの没後，再び光学に関する科学的進展は足踏み状態となった．顕微鏡や望遠鏡などが製作されるようになった17世紀に入るとケプラー(J. Kepler)の『屈折光学』の発表(1611年)，1621年には，正確な屈折の法則がスネル(W. Snell)により発表されている．このように，メガネ，顕微鏡，望遠鏡などの製造技術を裏打ちする形で，それらの合理的な基礎・原理を与えた科学的な発展があった．

12.3 レンズ製造技術の高度化と新たな技能の誕生

17世紀，顕微鏡や望遠鏡などに利用されるようになったレンズ製造技術の高度化に伴い，より鮮明な像を得る目的で色収差(色のにじみ)，球面収差(像中心のぼけ)などの収差論という問題定義が発生した．ニュートン(I. Newton)は，凸レンズを用いた望遠鏡では，色収差の除去は不可能と考え，凹面反射鏡を対物レンズとする反射望遠鏡をつくり(1668年)，天文学の進歩に貢献した．ホール(C. M. Hall)による，異なる屈折率をもつガラスを組み合わせて色収差を大幅に改善することができる色消し(アクロマート)レンズの発明(1729年)により，ドロンド(J. Dollond)は，色消し対物レンズを用いた屈折望遠鏡を製作し(1758年)，より明瞭な天文観測を可能とした．一方，色収差の低減を目的とした凹面反射鏡の顕微鏡への利用については，加工上の問題が多くあり，その利用が見送られていた．そこで，色消し対物レンズを顕微鏡へ利用する試みが行われたが，複数のレンズで構成される色消し対物レンズの適正化設計とそれを実際につくり上げるための製造技術の高精度化が要求された．1830年，リスター(J. J. Lister)は，それらの要求を満足した2個の色消しレンズの組合せによる顕微鏡の製作に成功した．像改善を目的としたレンズ製造技術の高度化は，収差の科学的解明という問題定義を行うとともに，レンズ研磨の高度化という新たな技能を生んだ．1855年には，ザイデル(L. P. Seidel)が，レンズ系の5収差理論の発表，光線追跡公式にもとづく設計を行う．現在でも有効な手法である光線追跡法によるレンズの設計・製造工程の基礎ができた．ただし，まだ当時のレンズは，主に英国やイタリアで職人の腕と勘によってつくられており，高度なレンズを効率良く製造する技術の完成には，もう少し時間が必要であった．

12.4　近代化された光学機器メーカーの誕生

　顕微鏡製造の近代化は，カール・ツァイス(C. Zeiss)の光学機器メーカーの設立(1846年)に始まった．設立当初は，職人が経験と勘でつくったレンズの中から，程度の良いものを選び，レンズの組み合わせを調整して顕微鏡を作成していた．ツァイスは，その製造方法に疑問を抱き，ドイツ・イエナ大学の若き理論物理学者，エルンスト・アッベ(E. Abbe)を会社に招聘し，レンズの製作とその組合せによる顕微鏡の作製について，理論的な解析を要請した．アッベは，顕微鏡の結像理論(1872年)を発表し，光学機器の各種測定法や測定器の開発に繋がった．ツァイスは，また分業体制，品質管理体制の確立を行い，近代化を実現した．アッベは，材料の改良にも着手し，オットー・ショット(O. Schott)と協同で，優れた光学ガラスの開発も行い，耐久性が向上し色収差も大幅に改善したアポクロマート対物レンズの開発(1886年)に成功した．このようにして，高度なレンズを製作する際の技能の普遍化を光学という科学を利用して行うことができた．またレンズの高度化という技術開発の過程で，光学ガラス材料の研究という問題定義がされ，より良いレンズをつくるための科学的な研究開発が展開された．このほか顕微鏡作成技術の改良に伴い，観察のための試料染色方法の提案，試料の照明方法の開発，精密移動ステージが製造できる機械加工技術の必要性など，技術の高度化のなかで生まれた新たな問題点の提案と考えることができる．また，19世紀後半からの顕微鏡の飛躍的な進歩が，各種の病原体微生物・細菌の発見，免疫法・治療法の確立など，医学・生物学へ多大な科学的発展を与えた例は，枚挙にいとまがない．

12.5　レーザー干渉計測光学技術の誕生

　1960年，メイマン(T. H. Maiman)が世界に先駆けてレーザー発生装置を発明したが，パルス発振しかできなかった．1970年には，林厳雄が半導体レーザーの室温連続発振に成功している．レーザーは，可干渉性(コヒーレンス)という性質をもっており，この性質を利用した光干渉計測法がその後確立されるようになる．レーザー干渉計測は，光の波長(500～800 nm)を単位とした高精度な形状計測，変位計測を実行でき，その応用技術について，1992年にマ

ラカラ(D. Malacara)の報告がある(Malacara, 1992). **12.1 節**で紹介した，重力波観測用のレーザー干渉計，シリコンウェーハ平面度の検査装置，IC 製造装置の変位計測なども，光干渉計測の科学的原理を利用している．レーザーの構成要素としては，光を発生させる媒質，媒質をエネルギーポンピングして光を励起させる機構，レーザー発生のための光共振器などで，半導体工学，電子工学，光学などの科学的な知識とこれらのものをつくり上げる専門的な技能が不可欠となる．また，光干渉計測を実施するためには，ミラー，ビームスプリッタ，偏光板などを始めとする干渉計システムを構成する種々の光学部品の特性と取り扱いを熟知していること，カメラやフォトセンサーなどの検出器の正確な知識を有していること，取得した測定データ処理を行うための統計的手法・計算手法が理解できていること，さらに計測システム全体を制御するためのコンピュータプログラミング技術をもっていることなどが必要となる．現代のレーザー干渉計測光学技術には，このような統合的で高度な技術が必要とされ，通常複数のエンジニア，科学者がチームを組んでシステムを運用することから，コミュニケーション能力も必要になってきている．このようにさまざまな技能，技術，職務能力が複雑に絡み合うなか，計測光学に関する新しい技能，技術(例えば，高感度化・高速化されたカメラ製造，画像処理技術，非侵襲な生体計測など)が誕生している．

12.6 計測光学技術の今後のゆくえ

ドイツのマイスター制度では，これまでドイツ国内で開業するにはマイスター資格の取得を義務づけていた．しかし，2004 年 1 月に施行した新手工業法により，開業にマイスター資格が必要な業種は，それまでの 94 業種から 41 業種へ半減した．さまざまな職種の技能の伝承を長年支えていたマイスター制度が転換期を迎えており，半減した業種のなかに「ガラス加工」，「精密光学機器製造」が含まれている．**図 12.3** は，現代の工場で稼働している，レンズの研磨機である．かつては，専門の職人が，ガラスの塊から削り出し，所望の形に削り上げてつくっていたレンズが，すべてコンピュータ制御の下，CAD の図面どおりに寸分の狂いもなく，大量にしかも安価につくられるようになってきている．

協力）大井光機㈱.
図 12.3　レンズ研磨機

　今後，人工知能やロボットの登場により職務構造が大きく変化することが予想されている（あと10年で「消える職業」「なくなる仕事」，http://gendai.ismedia.jp/articles/-/40925）．これまでは，技能の普遍化により，その部分の技術が確立されると，確立された技術のマニュアルに従って生産技術者がものを生産してきた．生産技術者は，工場で自然に育成され，そのことが結果的に技能伝承につながっていた．しかし，工場で働く主体が生産技術者ではなく人工知能やロボットに取って代わられる時代を迎えつつあり，技能伝承が厳しい時代を迎えている．普遍化される技術には，必ず元（ソース）となる技能が存在し，技能の誕生には必ず人間の開発能力が必要である．新しい技能開発には，その技能に関連する技能の伝承が必要不可欠で，技術革新の前段階で必要とされる「基本技能」の安定した伝承の仕組みをつくることが，今こそ求められている．

参 考 文 献

Malacara, D.(ed.)(1992)：*Optical Shop Testing*, Jhon Wiley & Sons.

第13章
技能の普遍化の工学的アプローチ⑥
複合材料とエコマテリアル

13.1 材料開発における技能的手法—複合材料とは

　材料開発における技能的手法には，今まで技能により継承されてきた材料を科学し，新しい技術で補完・代替していく作業がある．その作業方法の一つとして複合材料(composite materials)の開発がある．複合材料とは2つ以上の異種材料を組み合わせ，個々の材料の長所を生かしながら，複合化することで短所を少なくするか，もしくは新たな機能を付加した材料である（複合材料については，例えば日本機械学会(1990)を参照）．

　複合材料は，古くはエジプトの時代から開発されてきた．古代エジプトでは，ナイル川の土を日干し煉瓦にする際，切り藁や麻などの天然繊維を入れて強度を増している．藁くずを入れた土壁，麻布や和紙を漆で張り合わせた乾漆造なども複合材料である．日干し煉瓦は今では鉄筋コンクリートとなっている．鉄筋コンクリートも砂・砂利とセメントを混ぜて硬化させたコンクリートと鉄との複合材料である．鉄筋コンクリートは，今までつくられていた日干し煉瓦などの材料の長所を生かしながら，新しい技術へと代替したものである．

　合成繊維やプラスチックの開発により，複合材料は飛躍的にその数を増やしていった．そのなかで繊維強化プラスチック(Fiber-reinforced Plastic：FRP)は熱硬化性プラスチックと強化繊維の複合材料である．FRPはプラスチックの軽量であるという利点を生かしつつ，弾性率が低いという欠点を，ガラス繊維のように弾性率の高い材料との複合化により補い，軽量で強度の高い材料として開発された．FRPは第二次世界大戦中に，ガラス繊維を強化繊維として用いたGFRP(Glass Fiber-reinforced Plastic)の軍用航空機の防弾燃料タンクへの利用として実用化された．今では，住宅設備や自動車，鉄道車両，船舶，

航空機の部品に用いられている．炭素繊維を強化繊維として用いた FRP を CFRP（Carbon Fiber-reinforced Plastic）と呼ぶ．炭素繊維も古い材料で，エジソンが電球に用いたフィラメントも木綿や竹を焼いてつくった炭素繊維である．炭素繊維は 1950 年代，その耐熱性からロケット噴射口の材料としても用いられた．炭素繊維は，アクリル樹脂や石油，石炭系ピッチなどの有機物を繊維化・焼成して得られ，焼成温度により耐熱性，導電性などの性質が変わる．CFRP はラケットやゴルフクラブなどのスポーツ用品から宇宙，軍事，航空機や自動車の部品など幅広く利用されている．

13.2　これからの材料開発―エコマテリアルとは

　近年，産業廃棄物や二酸化炭素の抑制，資源の効率的活用，リサイクルなど地球環境保護の要求が高まるなか，従来の金属，プラスチック，ファインセラミックスなどに代わる新しい材料の開発が急務の課題となっている．エコマテリアルは，1990 年から実施された未踏科学技術協会レアメタル研究会（後藤佐吉会長）の調査研究（山本良一委員長）にて提案された概念で Environmental Conscious Materials（環境を意識した材料）から生まれた造語である（山本，1994；原田，1992；西村ほか，2002）．　簡単には「地球環境に調和し持続可能な人間社会を達成するための物質・材料」と定義される．

　エコマテリアルには図 **13.1** に示されるように 3 つの方向軸がある．一つ目は従来の材料開発で必要であったフロンティア性の軸である．それに加えて，環境へのやさしさを測る環境調和性の軸がある．もう一つの軸が，人への優しさ，アメニティー性の軸である．アレルギー性物質の除去，地球温暖化ガスの代替などの生体との調和性のほかに，手触り，匂い，あるいは操作性などもこの軸にあたる．天然素材は環境調和性とアメニティー性ともに優れている．エコマテリアルの開発は，この 3 軸の最大化を目指すことにある．

　エコマテリアルは，式(13.1)の環境効率(EE)の高い材料のことである．
$$\text{環境効率}(EE) = \text{材料性能}(P) / \text{環境負荷}(B_L) \tag{13.1}$$
また，環境負荷(B_L)は式(13.2)で表せる．
$$B_L = B_P + B_U + B_E - B_R \tag{13.2}$$
ここで，B_P：製造時の環境負荷，B_U：使用時の環境負荷，B_E：廃棄時の環

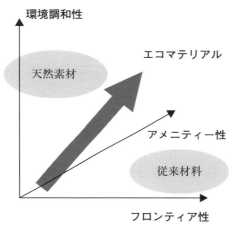

図 13.1　エコマテリアルの方向軸

境負荷，B_R：リサイクルにおける負荷の控除である．環境負荷を評価するシステムとして LCA（Life Cycle Assessment：ライフサイクルアセスメント）がある．

エコマテリアルは次のように3つに分類できる（西村ほか，2002）．
① 機能対応型：触媒など主に物質の化学的機能が直接生かされる領域
② システム要素型：高効率クリーンエネルギーシステムを実現するために必要な材料
③ 低負荷循環型：リサイクル適合性などを通して環境に優しい材料

上記より，広い意味で太陽光発電，燃料電池などのエネルギーシステムのための材料もシステム要素型エコマテリアルといえる．

低負荷循環型エコマテリアルの開発方法の一つとして，環境調和性とアメニティー性の優れている天然素材やそれを用いた技能を生かしながら，新しい技術で補完・代替もしくは複合化していく方法がある．

13.3　低負荷循環型エコマテリアルの開発例―ウッドセラミックス（炭素／炭素複合材料）

わが国は，紙製品，家具から家屋に至るまで多くの木質系資源を利用してい

る．木材は，網目状に細胞が組み合わさることでセル状の多孔質構造をもっており，軽くて強靭な構造をもち，曲げ強度や引張強度，弾性率に優れた素材である．特に引張強度については種類や木の種類にもよるが，コンクリートなどに比べても強い材料である．また，吸湿性や断熱性にも優れており，手触りが良いなどアメニティー性も非常に高く，そのため建築材料として広く使われてきた．木材を低酸素中で蒸し焼きにし，揮発成分を抜いたものが木炭であり，燃料として使用されている．

2000(平成12)年に建築リサイクル法が施行され，解体受注者等に対し，建築廃材の再資源化などを行うことが義務づけられた．しかし，大量に生じる廃材の有効な処理方法・再利用方法が確立されていないため，多くは焼却あるいは廃棄処分されているのが現状である．「ウッドセラミックス」は，青森県産業技術センターで開発された(岡部ほか，1996)．ウッドセラミックスの開発は，木質系廃材を用いて付加価値の高い機能を有する炭素材料の開発を目的としたもので，森林資源の確保と効率的活用，リサイクル，二酸化炭素の抑制などいずれの面からも優れている．ウッドセラミックスは伝統的炭素材料である木炭と，炭素繊維に代表される機能性炭素材料の性質を取り入れた，両者の中間的性質をもつ新機能性複合材料である．ウッドセラミックスは，木質系材料と熱硬化性樹脂との複合材料を高温無酸素雰囲気中で，炭素化して得られる．つまり，ウッドセラミックスは，木質系材料由来の難黒鉛化炭素を，熱硬化性樹脂から生じる，機械的にも化学的にも優れ，耐久性を有するガラス状炭素で補強した多孔質の炭素／炭素複合材料である．

図13.2にウッドセラミックスの製造工程を示す．ウッドセラミックスは，焼成前の段階でも，炭化後でも加工が可能であるため，大量生産型商品や少量多品種型商品にも対応が可能である．ウッドセラミックスはその原料として古紙，建築用廃材，オガクズなどを用いることができ，また，炭化時に発生する熱分解物である木タール，木酢油は，抗菌剤，薬品，木材液化物への利用が期待されている．また，ウッドセラミックスは使用後には活性炭や燃料として再利用できる．ウッドセラミックスの800℃焼成品について，製造エネルギーを計算した結果，$1\,m^3$当たり約170 kgもの炭素を保持することができ，炭素貯蔵量は，化石燃料エネルギーに換算して約42,500 MJ/m^3となる．つまり，

第 13 章 技能の普遍化の工学的アプローチ⑥―複合材料とエコマテリアル　　91

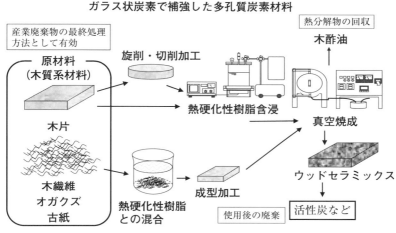

図 13.2　ウッドセラミックスの製造工程 (岡部ほか, 1996)

　ウッドセラミックスは，地球環境に対して与える影響が極めて小さい素材，つまり低負荷循環型エコマテリアルであるということができる．

　ウッドセラミックスは基本的に炭素を含む物質であれば作製可能であることから，古紙や果物搾汁残渣，籾殻，コットンリンター，ココナッツの殻，鶏糞などを原料としたウッドセラミックスの製造も行われている (岡部ほか, 2011)．

　ウッドセラミックスの表面写真を図 13.3 に示す．図よりわかるように，ウッドセラミックスは木材の構造をそのまま残す軽量・多孔質な材料である．そのほかにも，①摩擦・摩耗特性，②耐熱性，③耐蝕性に優れているなどの特徴をもち，それぞれの特徴を生かして電極材料，電磁シールド材，湿度およびガスセンサー材料などとしてその利用法が開発されている．

13.4　技能を補完するウッドセラミックスの使用例

　ウッドセラミックスはその特徴より，いろいろな利用法が開発されている．ここでは，技能の補完としてウッドセラミックスを使用した例を挙げる．

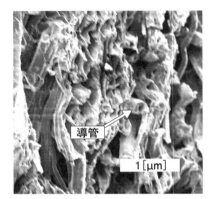

図 13.3　ウッドセラミックスの表面写真

ウッドセラミックスの遠赤外線効果

　ウッドセラミックスの，赤外線(波長 4 〜 22 μm)における分光放射率は，黒体の放射特性とほぼ同じく波長にほとんど依存せず，80 %前後で一定となる．その特徴を利用して，ウッドセラミックスは遠赤外線ヒーター，魚介類等乾物の付加価値を付けるためのものとして低温乾燥機，融雪用骨材としての利用法が開発されている．

　黒にんにくの作製にウッドセラミックスを用いる方法が開発された．黒にんにくは，生にんにくを温度 60 〜 80 ℃，湿度 70 〜 80 %で長期間(30 日程度)発酵させて作製される．須藤ほか(2015)は焼成した薄板状のウッドセラミックスタイルを全面に貼り付けた乾燥炉を用いることにより，熟成に必要な期間が短く，ポリフェノールの量が多い黒にんにくを作製することが可能になったと報告している．

ウッドセラミックスの津軽塗への利用

　従来の漆塗装の耐久性，耐摩耗性に劣るという性質を補うため，ウッドセラミックスを使用した，耐久性，耐摩耗性および耐剥離性をさらに向上した漆の塗装方法が開発された．木材，中質繊維板，陶器，金属などの基材の表面に，天然漆または天然漆と合成樹脂塗料を塗布し，その表面に，炭化して作製した

提供）津軽塗り販売㈱．

図 13.4　新紋紗塗

粒径が 0.25 mm 〜 0.35 mm のウッドセラミックス粉体を蒔き，研磨することで耐摩耗性，耐久性を改良した漆の塗装方法である．図 13.4 の写真は，青森の伝統工芸品である，紋紗塗(もんしゃぬり)にウッドセラミックスを利用した製品である．

低負荷循環型エコマテリアル(ウッドセラミックス)の開発と応用例について紹介した．石油系フェノール樹脂の代わりに，植物系液化物を用いたウッドセラミックスの開発も進んでいる．植物系液化物は，木材を炭化する際に回収される木タールを蒸留することで得られる木酢油と木質系材料を混合することで作製できる．植物系液化物を用いることで，ウッドセラミックスを作製するための材料がすべて植物由来となり，より環境負荷の少ない材料となる．

13.5　今後の材料開発

これまで，人類は種々の材料を発見し，それを利用して活動範囲を広げてきた．しかし，例えば金属資源はこのまま使用していくと枯渇する危険性があると警告されている．これからの材料開発は，優れた特性・機能をもちながら，より少ない環境負荷で製造・使用・リサイクルまでを考慮した循環型処理システムで製造され，しかも人に優しい材料またはシステムによってなされることが望ましい．わが国は自然に恵まれ，天然素材と技能により，さまざまな材料

が開発されてきた．今まで技能により継承されてきた環境調和性とアメニティー性の優れている材料を科学し，新しい技術で補完・代替していくこともこれからの材料開発に重要である．

参考文献

岡部敏弘監修，斎藤幸司，堀切川一男，大塚正久，伏谷賢美編(1996)：『ウッドセラミックス』，内田老鶴圃．

岡部敏弘，柿下和彦，清水洋隆，西本右子，高崎明人，須田敏和，伏谷賢美，山本良一(2011)：「バイオコンポジットの現状と将来展望—4．バイオマスの炭化によるバイオコンポジット—ウッドセラミックスの現状と将来展望—」，『材料』，Vol. 60, No. 2, pp. 175-181.

須藤朗孝，岡部敏弘(2015)：「温湿度技術とバイオマス資源を利活用したにんにく熟成装置の製品開発」，『第23回職業能力開発発表講演予稿集』，pp. 308-309.

西村睦，多田国之(2002)：「エコマテリアルの動向—地球環境問題への材料学のアプローチ」，『科学技術動向』，2002年10月号，pp. 28-37.

日本機械学会編(1990)：『先端複合材料』，技報堂出版．

原田幸明(1992)：「エコマテリアル—21世紀に向けた材料の新しい課題」，『日本金属学会会報』，Vol. 31, No. 6, pp. 505-511.

山本良一(1994)：『エコマテリアルのすべて』，日本実業出版社．

第14章

技能の普遍化の工学的アプローチ⑦
平削り加工の切削面性状の評価技術

14.1 平削り加工の技能

木材の性質

民藝の美の発見者である柳宗悦は,「よき工藝には自然への全き帰依がある」と考えた．その譬えの一つとして，逆目を削る大工があろうかと述べている（柳，2005，p.85）．木の文化で育ってきた私たちには，その大工職人の加工技術を想像することが可能である．順目で削り，削り肌を美しくするのが大工職人の基本技術である．自然なやり方の譬えとして相応しい言葉である．しかし，適切な間伐施業がなされた通直で大径な樹木が少なくなった現在では，繊維走行が一様な木材は少なくなり，順目削りに逆目削りが一部分含まれる場合が多くなった．異方性材料である木材は，樹木が立っていた方向を繊維方向（L方向），丸太の横断面の年輪に接する方向を接線方向（T方向），丸太中心の髄から放射する方向を半径方向（R方向）と呼び，それぞれの切削面（木口面：RT面，柾目面：LR面，板目面：LT面）についてマッケンジー方式（McKenzie, 1960）によって平削りの研究が行われてきた．

また，繊維傾斜角（ϕ_1），木理斜交角（ϕ_2），年輪接触角（ϕ_3）を用いて，順目切削（$0°<\phi_1<90°$）と逆目切削（$90°<\phi_1<180°$），横切削（$\phi_2=90°$），LT面切削（$\phi_3=0$），LR面切削（$\phi_3=90°$）について平削りの研究成果が蓄積されてきた．ところが，これらの切削抵抗などの研究成果を実寸大の梁や柱などの角材や床材などの板材を美しく平削りするために用いるためには，切削中の切削面性状の評価を行って切削方向に相応しい切削条件を採用して平削りする技術が必須である．しかし，熟練技能者と認められた大工職人は節があろうが繊維走行が乱れていようが，美しい削り肌を容易に生成できるのである．木材の切削面性

状の状態を瞬時に判断できる技能が身についているためである．画像解析技術を用いた木材表面の節領域の判別（佐道ほか，1989）や鉋削り作業の動作分析（陳ほか，2002）を用いてこの大工技能を明らかにし，平鉋(ひらかんな)の削り技術として伝承していくことができる教材作成は重要な課題である．

平鉋の特性

木材切削は「切る」，「削る」，「穴をあける」の3種類の加工作業に大きく分類することができる．本章で取り扱う平削り加工の「削る」について見ると，古代から鎌倉時代までは，春日権現験記絵などの絵巻物の資料によって（Nishiほか，1983），丸太や角材の縦方向の繊維に沿った切断加工には，楔(くさび)を被削材の幅と長さ方向のすべての箇所に打ち込んで，割裂作用を用いて柱材や板材を荒木取りして，槍鉋(やりがんな)・手斧(ちょうな)で削り加工を行って仕上げていたことがわかる．したがって，この時代までの平削り加工の切削面には，槍鉋と手斧の使用痕が残っているのが切削面性状の特徴である．しかし，室町時代になると繊維走行の揃った良質の針葉樹丸太が少なくなってきたことから，楔を用いて丸太を縦方向に裂くことが極めて困難な作業となり，当時の中国から伝来した大鋸(おが)で縦方向に「切る」という鋸加工を行って，平鉋で仕上げるという「切る」と「削る」の技術革新が起こったと考えられている（Framptonほか，1977）．平鉋については，伝来当初において「押して削る」という現在の西洋や中国と同じ切削方式であったものがわが国の坐式作業法によって「引いて削る」に切削方法が大きく改変された．

また，江戸時代末まで一枚刃鉋であったが，逆目削りのくぼみのような凹凸（逆目ぼれ）を少なくするために裏金(うらがね)を取り付けた二枚刃鉋が明治時代に導入されたといわれている．したがって，この時代以降の平削り加工の切削面は現在と同じように平滑に仕上げられているのが切削面性状の特徴である．現在，平鉋は切削角によって，軟・中硬材用鉋（35°前後）と硬材用鉋（45°以上）に分類されており，鉋刃を取り付ける鉋台の調整法についても荒鉋(あらかんな)，中仕上げ鉋，仕上げ鉋用に鉋台の下端面(したばめん)の隙間が定量化されている（職業能力開発総合大学校基盤整備センター，2007，pp. 99-101）．砥石を用いた「研ぎ」を含めた平鉋の調整と平削りの基本的な加工法については，技能を伝承するための技術的な

教材が職業能力開発総合大学校基盤整備センターから発刊されている．

また，究極的な加工面性状を追求するために，平鉋切削で最小の切り屑厚さで削ったものが優勝するという「全国削ろう会大会」が開催されている．

材面を平らに削る木材加工用機械

各種木材の加工工場では，回転鉋刃を用いる木材の直角2面の基準面を加工する手押し鉋盤，幅と高さなどを加工する自動送り1〜4面鉋盤，むら取り鉋盤と平鉋を固定して部材を送り装置で送って平削りを行うスーパーサーフェイサー(超仕上げ鉋盤)の2種類の形式の木材加工用機械が使用されている．回転鉋刃を用いた平削り加工では，回転鉋の刃先が切削面に下式に示すナイフマークの幅と深さの凹凸を生じてしまう．したがって，木材の塗装工程などの仕上げ作業は，このナイフマークを切削面から除去してから行う必要がある．そのための加工機械としてスーパーサーフェイサーが用いられて，ナイフマークの深さまで平削りすることで切削面を平滑にすることができる．この切削面は平削り加工において最も平滑で美しい切削面性状となることが特徴である．

$$e = f = F/(nN) \tag{14.1}$$

$$h_0 = f^2/(4D) \tag{14.2}$$

ここで，e：ナイフマークの幅，f：1刃当たりの送り量，F：送り速度，n：刃数，N：回転数，h_0：ナイフマークの深さ，D：鉋胴の切削円直径

14.2 切削面性状の特性

切削面性状

平削り加工において切削面の品質に及ぼす切削面の欠点には次のようなものがある．①ナイフマーク：回転鉋刃による切削面の凹凸．②鉋焼け：工具刃先に対して木材の送りが一時的に止まって，工具と木材の摩擦熱によって加工面が焦げて変色．③刃の欠け跡：工具刃先の欠損によって，加工面に条痕が残存．④スナイプ：材の端部に発生するロール状の凹痕．⑤ロール状凹痕：ロールの調整不良による凹痕．⑥チップマーク：工具刃先に切り屑が付着した状態で切削したときの引っ掻き傷．⑦鉋境：削り面相互の段差．⑧逆目ぼれ：逆目切削で塊状に大きく抉り取られた場合や繊維束が小さく抉り取られた場合にできる

凹痕．⑨毛羽立ち：摩耗した工具刃先で切削した場合のささくれ状の浮き上がり．⑩目違い：木材の晩材部が早材部より浮き上がる切削面の状態．⑪目離れ：木材の晩材部分が早材部分の境界から分離した切削面の状態．⑫目ぼれ：繊維束が抉り取られた小さな筋状の凹痕．

加工面粗さ

木材の加工面粗さは，触針式表面粗さ測定機を利用して測定することが多い．しかし，木材の加工面粗さは，木材の細胞組成（針葉樹の仮道管か広葉樹の道管，木部繊維，柔細胞）による組織粗さと切削加工による加工粗さの合成したものである．組織粗さは，樹種および切削面（RT面，LR面，LT面）によって異なり，加工面粗さから除去できない成分である．一方，加工粗さは，工具形状と切削条件や工具刃先の変形，振動などによって加工面に凹凸が生じるものである．木材の加工面粗さは，樹種によっては組織粗さが加工粗さよりも大きくなる場合があることを常に意識して数値を取り扱う必要がある．

14.3　切削面性状の評価技術

切削力と被削材に発生する応力

平削り加工において被削材に発生する応力の主要なものを，図14.1に示す（小林ほか，1983）．それぞれの応力をまとめると次のようになる．（Ⅰ）工具刃先の押し込みによって発生する集中応力．（Ⅱ）工具すくい面と切り屑との接触

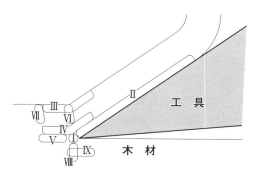

図14.1　切削時の応力の発生箇所

による摩擦．(Ⅲ)工具すくい面による切り屑の曲げに伴う圧縮応力．(Ⅳ)工具すくい面による切り屑の曲げに伴う引張応力．(Ⅴ)切削方向に対し直角方向に作用する圧縮応力または引張応力．(Ⅵ)切削方向に作用するせん断応力．(Ⅶ)大きな切削角で発生する圧縮せん断応力．(Ⅷ)木口切削(RT面)の場合に繊維を曲げる曲げ応力．(Ⅸ)木口切削(RT面)の場合に繊維に生ずる引張応力．これらの被削材に発生する応力が，平削り加工における切削抵抗(主分力，背分力)の変化，電動機に取り付けたロータリーエンコーダーのパルス数変化やアコースティックエミッション(Acoustic Emissions：AE)信号を発生させる原因となる．

切削力と切り屑の生成機構

平削り加工における切り屑の生成は，切削力および切削面性状と密接な関係をもっており，切り屑の分類によって切削面性状を評価できることをフランツ(Franz, 1955)が明らかにした．切り屑の分類は，研究者によって若干異なるが，代表的な切り屑生成の分類を以下に示す(番匠谷ほか，2007，pp.23-26)．

① **流れ型切り屑**：縦切削において，切削角と切込み量がそれぞれ45°と0.05 mm程度の小さい加工条件のときに工具すくい面に沿って流れるように切り屑が生成される．平削り中の主分力は変化が少なく，工具刃先の振動も少ないので切削面性状は良好である．

② **折れ型切り屑**：縦切削において，切削角と切込み量がそれぞれ50°と0.2 mm程度の中程度の加工条件のときに工具すくい面上で切り屑先端が曲げ破壊して(先割れ)，周期的に折れた切り屑が生成される．主分力は周期的に変動を繰り返す．順目切削では先割れが刃先上部方向に発生し，この部分は刃先によって削られるので切削面性状は良好である．一方，逆目切削では先割れが刃先下部方向に発生し，この部分は抉られているので逆目ぼれを起こすため切削面性状は悪化する．

③ **せん断型切り屑**：縦切削において，切削角が70°程度と大きい加工条件のときに工具すくい面前方に圧縮による破壊が起きて，縮んだ切り屑が生成される．主分力は大きくて変動するので切削面性状は悪化する．

④ **むしれ型切り屑**：木口面切削や逆目切削で，切削角と切込み量がそれぞれ80°と0.3 mm程度の大きい加工条件のときに木材からむしり取ら

れた切り屑が生成される．主分力は大きくて変動幅も著しいので切削面性状は極めて悪くなる．

切削面性状の評価技術

平削り加工中の切削面の評価は，上述したように切削抵抗の主分力と切り屑生成機構をインプロセスでモニタリングすることで可能である．その最も基本的な方法として，工具動力計を用いて切削抵抗を測定し，切り屑生成機構との関係について研究成果が蓄積されてきた．その他の有効な平削り加工の切削面性状を評価できるインプロセスモニタリング法として，AEの利用が提案されている(定成，1991)．AEは材料が変形あるいは破壊する際に，内部に蓄えていた弾性エネルギーを超音波領域の弾性波として放出する現象であると定義され，破壊の予兆信号として利用できる可能性を有している．AE信号の検出事例として，平削り加工の切削面性状が最も良好な流れ型切り屑について，先割れを伴った切削途中の写真と切削抵抗の2分力ならびに工具側と被削材側で検出したAE事象率の変化を図14.2に示す．同図の被削材側で検出されたAE事象率は先割れが発生するたびにピーク値をとり，このピーク値間の平均切削長(送り速度×切削時間差)は約4 mmとなった．一方，2分力のピーク値間の平均切削長も約4 mmとなった．このことから先割れはほぼ4 mm間隔で発生し，AE事象率と切削抵抗の変化によって先割れの発生間隔を知ることが可能と思われる．この流れ型の切り屑生成過程での切削抵抗の急激な低下は先割れ

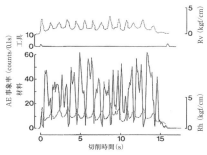

図14.2 流れ型切り屑のAEの変化

の発生により起こったものと考えられる．また，AE 事象率と切削抵抗のピーク値をとる時間にはわずかな差が認められ，AE は切削抵抗の変化よりも早く先割れに対応して変化すると推定できる．この実験結果から，平削り加工の切り屑生成機構を AE によって推定可能であることから，切削面性状の評価技術として有効な手法であると考えられる．

14.4　技能から技術へ

超仕上げ鉋盤等の木材加工用機械への応用

平削り加工における流れ型切り屑生成と AE 事象率の変化との関係から，切削面性状のインプロセスモニタリング法として AE が使用できる可能性を示すことができた．木材加工業では回転削り加工で発生するナイフマークを除去するために超仕上げ鉋盤を使用し，単板積層材(LVL)製造業ではスライサーが平削り加工を行うために使用される．これらの木材加工用機械への AE 測定システムの応用は，木材加工機械に習熟した技能者だけが行えた実務を工学技術として整理することができる可能性を示すものと考えている．

参 考 文 献

Frampton, K., K.Kudo and K. Vincent(1997): *Japanese Building Practice: From Ancient Times to the Meiji Period*, Van Nostrand Reinhold, pp. 25-36.

Franz, N. C.(1955): "An analysis of chip formation in wood machining," *Forest Prod. J.*, Vol. 5, No. 10, pp. 332-336.

McKenzie, W. M.(1960): "Fundamental aspects of the wood cutting process," *Forest Prod.J.*, Vol. 10, No. 9, pp. 447-456.

Nishi, K. and Hozumi, K.(1983): *What is Japanese Architecture?: A Survey of Traditional Japanese Architecture*, Kodansha International, pp. 32-33.

小林純，林大九郎(1983):「木材の横切削における切削エネルギーについて」,『木材学会誌』, Vol. 29, No. 12, pp. 853-861.

定成政憲，喜多山繁，服部順昭，瀬川圭(1991):「平削りにおける切り屑生成とアコースティック・エミッションの関係」,『木材学会誌』, Vol. 37, No. 5, pp. 424-433.

佐道健，岩崎昌一(1989):「ヒノキ，スギ材面に現れる節の画像解析」,『木材学会誌』,

Vol. 35, No. 12, pp. 1073-1079.

陳廣元, 山下晃功, 芝木邦也, 田中千秋(2002):「木工具による作業動作の3次元分析(第1報)」,『木材学会誌』, Vol. 48, No. 2, pp. 80-88.

番匠谷薫, 奥村正悟, 服部順昭, 村瀬安英編(2007):『切削加工 第2版』(木材科学講座6), 海青社, pp. 23-26.

柳宗悦(2005):『工藝の道』(講談社学術文庫), 講談社

職業能力開発総合大学校基盤整備センター編(2007):『三訂 木工工作法』, 職業訓練教材研究会.

第15章

技能の普遍化の工学的アプローチ⑧
打音検査と構造損傷検出技術

15.1 打音検査の技能

　バスや電車の車体や飛行機の機体を検査するとき，係員や乗務員がハンマーで車体や機体を打撃し，その音を聞き分けて検査している様子を見たことがある人は多いと思う．また，トンネルや地下鉄などで，コンクリートの剥落や建物の天井板の落下事故が発生すると他の箇所の安全性を確認するが，そのときも検査員がハンマーでコンクリートや天井板を打撃している様子をニュースで見ることもある．このような打音検査は，状況に応じたさまざまな種類のハンマーを用いて，検査したい場所や物を打撃したときの音の高低により状態を把握する検査法である．もし，打撃した周辺に異常があると，普段の音の高さと異なる音程の音が返ってくる．こうした検査は一般に非破壊検査と呼ばれており，車体や機体を分解したり，構造物を斫ったりしなくとも，異常を感知できるのでたいへん便利な検査法である．

　しかし，この検査法では打撃した部分の周辺の状態はわかるが，大規模な構造物全体の様子を把握することは困難であるし，また微妙に異なる音の高低を聞き分けるには，個人に備わった極めて高度な技能が要求されることになる．こうした技能に数理科学や数学を併用すると，構造ヘルスモニタリング(中村, 2002)や逆問題(登坂ほか，1999)と呼ばれる工学技術に生まれ変わることを本章では紹介しよう．

15.2 応答データ

　構造物等の状態を調べるために当該箇所を打撃したときの音を聞き取る代わりに，センサーを用いると，図15.1に示すように，打音の音源を振動データ

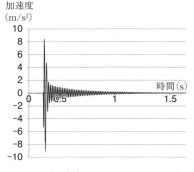
図 15.1 加速度センサーにより記録された加速度データ

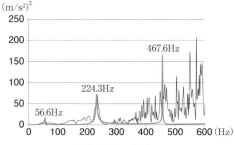
図 15.2 周波数領域に変換されたフーリエスペクトル

として記録することができる．このようなデータをインパクト加振による応答データという．図 15.1 のグラフの横軸は記録している時間であり，縦軸は測定している加速度である．測定する物理量は，加速度でなくても，変位，速度，加速度には，それぞれ関係性があるので，これらの内のどれか一つを測定すれば，他の 2 つの物理量は計算で求めることができる．図 15.1 は，応答加速度が時間によりどのように変化しているのかがわかる時間領域のデータである．これは，ある瞬間，瞬間の観測値の大きさはわかるが，周波数に関する情報はわかりにくい．そこで，時間領域のデータにフーリエ変換を導入すると，時間領域で測定されたデータには，どのような周波数成分が含まれているかがわかる周波数領域のデータに変換することができる．こうすることで卓越した技能者が聞き分けている音信号の応答の高低を客観化することが可能になる．図 15.1 の時間領域のデータをフーリエ変換により周波数領域に変換したフーリエスペクトルを図 15.2 に示しておく．カーブフィットを施した結果，この振動データには 56.6，224.3，467.6 Hz の成分がそれぞれ多く含まれていることがわかる．

15.3 構造ヘルスモニタリングと逆問題

実験モード解析

打音検査によるインパクト応答を卓越した技能者が聞き分ける代わりに，セ

ンサーにより採取された時間領域の振動データは，通常 PC のメモリー内に収録するほうが便利である．そのためには，センサーから得られたアナログデータ（analog data）をデジタルデータ（digital data）に変換する必要がある．この変換のことを，それぞれの頭文字をとって A-D 変換という．

振動計測技術では，デジタル信号をフーリエ変換して，その信号に含まれる周波数成分を抽出し，周波数成分の変化から，対象としている構造物の異常を見分けなければならない．通常，振動計測では，振動波形のフーリエ変換にもとづき，含まれている周波数成分の抽出のみならず，振動を止めようとする原因となる減衰比や構造物が揺れる形を意味する振動モード形を計算し表示する必要がある．これらの一連の計測システムとして実験モード解析（長松，1993）がある．

実験モード解析は機械系，とりわけ自動車の振動解析で発展した技術であるが，ここでは建築構造物をモデル化した 3 層フレーム構造モデルに実験モード解析を適用した一連の流れについて説明しよう．**図 15.3** は 3 層フレームモデルを，インパクトハンマーを用いて加振するイメージである．インパクトハンマーの先端には加振力を測定できるロードセルが取り付けられている．測定された信号には，アンプに組み込まれている A-D 変換装置を始め，フーリエ変換や減衰比，モード形を計算するための演算装置によりそれぞれ必要な処理が施され，PC に取り込まれる．

図 15.4 は実験モード解析を用いて，演算された結果の一部である．コヒーレンス関数は，測定されている振動が加振による直接の振動である関係を示し

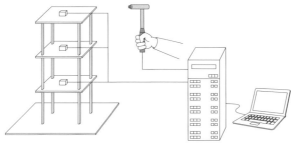

図 15.3　3 層フレームモデルをインパクト加振する実験モード解析のイメージ

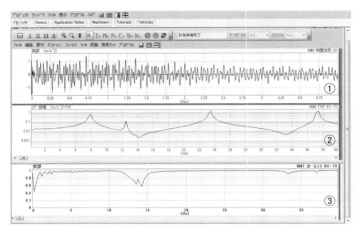

図15.4 実験モード解析の結果:①時系列波形,②周波数応答関数,③コヒーレンス関数

ており,1に近い値であるほど目的とする加振が原因となった振動であることを示している.実験モード解析にあたっては,コヒーレンス関数の値を確認する作業は極めて重要である.実験モード解析におけるフーリエ変換結果では,通常縦軸は応答加速度を加振した力で割った値になっており,周波数応答関数(Frequency Response Function:FRF)と呼ばれ,いわゆる伝達関数である.

実験モード解析は広い意味でヘルスモニタリングであるが,この結果から対象とした構造物の振動特性は把握できるが,どこに異常があるかなどの情報は得ることはできない.異常がある場所やその程度を知るには,もう少し数理科学を用いなければならない.

逆問題と逆解析

構造物の振動特性を理論的に求める場合,振動解析を行えばよい.振動解析では,構造物の質量,減衰,構造物の硬さを表す剛性と振動の原因となる波形を用いて運動方程式を解くことになる.このように,運動方程式を解くために必要な物理量などを既知として,目的の振動応答を求めることを順解析(forward analysis)という.

第15章 技能の普遍化の工学的アプローチ⑧―打音検査と構造損傷検出技術

構造物は損傷すると，剛性が低下するため，固有振動数も低下する．損傷がある構造物の固有振動数を測定（観測）して，このときの剛性を求める問題は逆問題（inverse problem）といい，剛性を求める解析を逆解析（inverse analysis）という．すなわち，これらを一般的な言葉で言い換えると，順問題は原因にもとづいて結果を知る問題であり，逆問題は結果から原因を探索する問題である．逆問題には，さまざまな解法が知られているが，本章では，フィルタ法（村上ほか，2002）による逆解析の例を紹介しよう．

逆問題として，図15.3に示した3層フレーム構造が，地震や経年劣化で1層と2層に損傷を受けたことを仮定した場合の各層の水平剛性を，先に述べた実験モード解析を用いて固有振動数を観測することで求めることにする．

逆 解 析

まず，対象となる3層フレームモデルの固有振動数を観測する必要がある．実験モード解析を用いると，3層フレームモデルの1次～3次モードまでの固有振動数（固有円振動数）$\omega^1 \sim \omega^3$ は比較的容易に測定できるので，これらの固有振動数を観測データとして，1層～3層の水平剛性 $Z^1 \sim Z^3$ を逆解析により求めてみよう．逆解析手法にはフィルタ理論を援用する．一連のフィルタ理論は，後に示すように，状態方程式，観測方程式，感度行列およびフィルタ方程式により構成される．まず，それぞれの式の意味を説明しておこう．

状態方程式(15.1)は，Iを単位行列とすることで，状態量である水平剛性は時間的遷移構造をもたず，添え字 t は繰り返し計算回数を意味することになる．

観測方程式(15.2)は観測量である固有振動数（固有円振動数）と水平剛性との関係を表しており，固有振動数と水平剛性は非線形の関係にあるので，非線形ベクトル関数 $m_t(\bar{z}_t)$ を用いて表している．すなわち，$m_t(\bar{z}_t)$ は水平剛性の推定量 $\bar{z}_t$ における固有振動数（固有円振動数）を意味しており，測定には誤差を伴うので誤差の項 v_t を考慮している．非線形ベクトル関数をテーラー展開すると具体的に計算できるようになる．線形近似で計算することにし，微係数の第1項までで近似した観測方程式が式(15.3)であり，M_t は感度行列と呼ばれ式(15.4)で表される．

フィルタ方程式(15.5)は繰り返し計算の式として解釈できる．1次～3次

モードにより構成される観測ベクトルωと$t-1$回目の情報にもとづくt回目の状態量である水平剛性に対する固有振動数(固有円振動数)$m_t(\tilde{z}_{t/t-1})$が一致するまで繰り返し計算すると,観測した固有振動数(固有円振動数)の下で1層〜3層の水平剛性が求められたことになる.復元作用素B_tは,状態量の推定量である$\tilde{z}_{t/t-1}$を繰り返し計算のステップごとにどの程度変化させるかを決める重要な役割を担っている.実際には,観測誤差や計算における丸め誤差などにより,ωと$m_t(\tilde{z}_{t/t-1})$が完全に一致することはないので,その差が10^{-3}程度となった場合に収束したとみなすような収束条件を設定する.

これまでに述べた,状態方程式,観測方程式,感度行列,およびフィルタ方程式の具体的な式の表現を次に示しておく.

- 状態方程式

$$\tilde{z}_{t+1} = I\tilde{z}_t \tag{15.1}$$

- 観測方程式

$$\omega_t = m_t(\tilde{z}_t) + v_t \tag{15.2}$$

- 線形化した観測方程式

$$\omega_t = M_t\tilde{z}_t + v_t \tag{15.3}$$

- 感度行列

$$M_t = \frac{\partial m_t(\tilde{z}_t)}{\partial z_t} \tag{15.4}$$

- フィルタ方程式

$$\tilde{z}_{t+1/t} = \tilde{z}_{t/t-1} + B_t(\omega - m_t(\tilde{z}_{t/t-1})) \tag{15.5}$$

復元作用素としてカルマンフィルタは広く知られているが,筆者ら(池田ほか,2016)は,射影フィルタやオリジナルフィルタである可変的パラメトリック射影フィルタを用いた逆解析を報告している.本章では射影フィルタ(projection filter)を次式に示しておく.

$$B_{PFt} = (M_t^T Q^+ M_t)^+ M_t^T Q^+ \tag{15.6}$$

式(15.6)において,M_tは感度行列,Qは観測誤差に関する共分散行列である.+はMoore Penrose(ムーアペンローズ)の一般化逆行列であり,行列が正方行列でなく,n行m列の逆行列を意味しており,正方行列ならQ^{-1}と表せばよい.

逆解析結果

図 15.3 に示した 3 層フレームモデルが地震などにより 1 層と 2 層に損傷が生じたことを仮定した逆解析結果(池田ほか,2016)を示すことにしよう.

損傷は水平剛性を 25 % 低減することにより設定し,固有振動数は打音検査と同様にインパクトハンマーでモデルを加振し,応答を圧電型加速度センサーにより計測して実験モード解析を試みる.これより得られた固有振動数を観測データとして,各層の水平剛性を逆解析から求めることが可能であることを示すことにしよう.

図 15.5 は逆解析結果である.本逆解析手法は繰り返し計算をするため,繰り返し計算を開始する初期値により,求めようとする解が発散したり,安定しなかったりする.そこで,多くの初期値に対して逆解析を実施し,それらの初期値に対して得られた値を逆解析結果として示してある.したがって,結果の横軸は逆解析に用いた初期値である.プロットは逆解析から得られた水平剛性である.プロットが描かれてない初期値は,発散して解が得られなかったケースである.ここで示した結果では,多くの初期値に対して解が得られており,その得られた解の値は実測値を観測データに用いても直線が形成され,1 層と 2 層の水平剛性は,概ね 3 層の 25 % の値となる解が得られている.

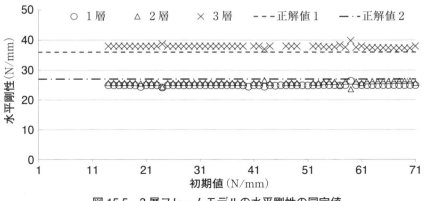

図 15.5　3 層フレームモデルの水平剛性の同定値

15.4 技能から技術へ

　打音検査を例に，センサー技術や数理科学を導入することで見える化を図り，工学技術として展開できることを示してきた．振動を励起するにあたっては，打音検査と同様にインパクトハンマーで加振した．実は実験モード解析におけるインパクトハンマー加振は高度な技能を必要としている．ずいぶん前のことになるが，筆者の研究室で浮体構造モデルを対象に実験モード解析を行ったことがある．インパクトハンマーの先端についているロードセルには対象とする構造物の固有周期に合せて硬さの異なるカバーが取り付けられている．浮体は固有周期が長いため，既存のカバーでは対応しきれずさまざまな工夫を凝らした経験がある．フレームモデルにおいても，ダブルハンマリングなどを避けなければならず，技術化を図るなかにおいても，新たに習得しなければならない技能が必要となる．

　筆者らはこの技能・技術の実用化を図るために，最も観測しやすい1次モードのモード形を観測データとする逆解析を進めている．

参 考 文 献

池田義人，遠藤龍司，登坂宣好 (2016)：「構造損傷検出に用いる射影フィルタの感度行列に基づく基本特性」，『日本建築学会構造系論文集』，Vol. 81, No. 730, pp. 2069-2077.

登坂宣好，大西和榮，山本昌宏 (1999)：『逆問題の数理と解法』，東京大学出版会．

中村充 (2002)：「建築構造物のヘルスモニタリング」，『計測と制御』，Vol. 41, No. 11, pp. 819-824.

長松昭男 (1993)：『モード解析入門』，コロナ社．

村上章，登坂宣好，堀宗朗，鈴木誠 (2002)：『有限要素法・境界要素法による逆問題解析』，コロナ社．

第16章
機械との協働による弱点補完とキャリア形成

16.1 背　　景

　近年，職業能力開発現場では，発達障害などの特別な配慮が必要な訓練生（以下，配慮訓練生という）への対応に迫られるケースが顕著に増加している．発達障害とは，生まれつきの脳機能の発達のアンバランスさと，環境や周囲の人とのかかわりのミスマッチから，社会生活に困難が発生する障害である．このように，発達障害は，個性とは別物である．発達障害には，ADHD，自閉症，アスペルガー症候群，学習障害など，さまざまな種類・症状がある．発達障害者は，人口比で6％程度いるといわれている．また，発達障害者の1/3は特別に優れた才能を持ち合わせた2E(twice-exceptional：二重に特別な)である．現場の指導員は，発達障害などの配慮訓練生に対して，作業手順をスモールステップで確認しながら個別に指導しているのが実情である．ここで大切なことは，配慮訓練生が指導員のサポートなしに作業に取り組めるようになることである．指導員は，配慮訓練生の得意なスキルを使った弱点補完や機械などの補助装置による弱点補完の必要がある．本章では，健常者と障害者の垣根のない職業能力開発の実現に向けた職業訓練指導員(以下，指導員という)育成のための学習支援システムを述べる．

16.2 就労移行支援員の能力形成過程

　近年，心理学における質的データ分析として，修正版グラウンデッド・セオリー・アプローチ(M-GTA)が注目されている．M-GTAを使った能力形成過程の分析では，「概念」を単位とする能力構造を結果図として示す．この結果図を見れば，「詳細な能力構造」，「能力を高める要因」，「能力を阻害する要因」

を知ることができる．

　本取組みにおいて，能力形成過程の分析対象としたのは，実際に障害者の訓練の指導にあたっている就労移行支援事業者(民間)の熟練の就労移行支援員(以下，支援員という)である．共同研究者の竹下(Takeshita ほか，2016)が能力形成過程の分析を担当した(被験者：18名，インタビュー逐語記録 384,696字(A4用紙 526枚)，分析期間：3カ月)．支援員の能力形成過程の初期段階は，就労移行支援施設で働くことを決意し，他者を援助することの意義および価値を感じる段階から，経験不足の自覚を経て，障害者に対する不満から原因への関心をもつ変化が生まれる．そして，「対受講者」，「対組織」に対しての「スキル形成」をしていく．しかし，成長する過程においては，期待どおりいかないために出口が見えない悪循環に陥ることもある．こうした悪い循環からの脱却には，「組織での心的収支」として先輩との相談，問い掛けによる意識の切り替えを行う必要がある．このような詳細な能力形成過程の変化を，5つのコアカテゴリーと14のカテゴリー，48の概念の結果図として示した．

　本取組みは，この結果図を理論的な根拠として，ネガティブな要素を回避しながら，ポジティブな要素を循環させる学習支援システムを開発するものである．ここでの学びは，まず，結果図を用いて，熟練した支援員になるまでの道のりを説明することから始まる．これにより，未経験者が実際の状況を容易に想像できるようになり，「スキル形成」の短縮が期待できる．そして，学習支援システムを活用して「スキル形成」を実践していく．実践中においても，結果図を活用することで，現状把握や課題解決方法など，気づきが促される効果がある．このように M-GTA により構築された結果図は，実践に科学的な根拠を与え，その蓄積は学術的な体系化を可能にするものである．

16.3　多元的知能の世界と弱点補完

　人はそれぞれ多様な能力をもった存在である．人の将来はできないことによって決定されるのではなく，その人が伸ばしてきた能力やスキルの種類によってつくられていく．Gardner(2003)は，MI(Multiple Intelligences)理論において，人が有する知能は，①言語，②理論・数学，③視覚・空間，④身体・運動，⑤音楽，⑥人間関係，⑦自己内省，⑧自然共生の8種類あると述べてい

る（職業能力開発は⑤，⑧は除外した6種類で考えるものとする）．これら8つの知能は，モジュールとしては独立しているが，ほとんど際限なく混ざり合って働くことになる．

健常者と障害者の垣根のないインクルーシブ教育においては，RTI（Response to Intervention）が国家レベルで推奨されている．RTIは，以下の三段階の多層指導により，一人ひとりの得意，不得意のスキル特性に対して柔軟に対応しながらクラス全員の理解を目指すものである．

① 80％の生徒が理解できる質の高い全体指導を実施
② 残りの15％に対してグループ指導を実施
③ 残りの5％に対して個別指導を実施

職業訓練校（障害者校は除く）では，1クラス20名程度で実施することも珍しくない．RTIを基本形に，MI理論の知能の枠組みと組み合わせることで，きめの細かい全体指導，グループ指導，個別指導の実現が期待できる．

16.4　訓練生のスキル特性をアセスメントする機能の実装

職業能力開発で必要となるスキル群

職業能力開発で必要となるスキル群は，職業能力開発総合大学校基盤整備センター（2015）が発行している「特別な配慮を必要とする訓練生の支援・対応ガイド」に示された職業訓練現場で実際に生じた192の問題行動から，問題行動を引き起こす原因から分類・整理する．問題行動を引き起こす原因を分類すると，32個のスキルが抽出された．すなわち，32個のスキルは，職業能力開発に必要となる根源的なスキルを示している（図16.1）．この32個のスキルを，①言語，②理論・数学，③身体・運動，④人間関係，⑤自己内省，⑥視覚・空間の6個の上位概念で分類した．このように上位概念でスキルをくくってみると，いろいろな要素が複雑に絡まって，どこから手を着ければよいかわからなかったものが，きちんと扱えるようになることがわかる．

訓練生のスキル特性のアセスメント

アセスメントには，心理統計尺度が多用され，実際の行動面や反応を測定する試みが不足していることが指摘されている．本取組みは，実際の行動面や反

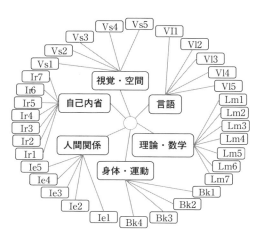

図 16.1　職業能力開発に必要となる根源的なスキル

応を測定する試みである．システムのアセスメント機能は，コンピュータ上に表示されるファミリーレストランのアルバイト面接・見習いの文脈において，簡単な作業課題や行動選択(5問択一)を提示する．配慮訓練生の行動特性があれば，類題を提示してダブルチェックをかけている．訓練生のスキル特性は，これらに回答することで自動計測される．標準時間は20分(37場面)である．訓練生のスキル特性は，32個の職業能力開発に必要となる根源的なスキルから評価する．アセスメント機能は，スコアは5段階である(ただし，身体・運動についてはコンピュータ上の精度の問題で2段階)．スコアが3未満であれば，弱いスキルと判断する．

　例えば，訓練生Aの群指数(5段階評価)が，

　　視覚・空間(4.8)＞理論・数学(4.5)＞身体・運動(4.0)＞言語(2.7)＞人間関係(2.5)＞自己内省(2.3)

であった場合，訓練生Aの得意な群指数である「視覚・空間」，「理論・数学」，「身体・運動」を使って弱点補完の大枠を考える．次に，下位の32個の根源的なスキルの状態から配慮訓練生が指導員のサポートなしに作業に取り組める練

習メニューを考える．

図16.2 に行動選択画面とスキルの混ざり合わせを示す．この例は，店長からレジが混んでいる状態で店員がゆっくりとレジを打っている様子を見てどのように思うかを尋ねられた場面である．にこやかなお客がだんだんと怒った顔の絵に変わっていく．ここで，「マイペースで良いと思う」は配慮行動であるため，類題が表示される．また，図の右はこの場面におけるスキルの混ざり合わせを示した表である．32個のスキルは独立しているが，ほとんど際限なく混ざり合って行動として表れる．スキルは主観的なものであるため，この混ざり合わせは規範的に設定している．また，身体・運動を除く根源的スキルは，少なくとも5場面以上に表れる選択肢を用意している．精度の出しにくいスキルほど，多くの場面で行動として表れるように設計している．また，アセスメントの信頼性を向上させるために，被験者15名に対して，1人平均2回の事後インタビューから，合計67回の改良も実施した．その後，筆者ら（Fujita ほか，2017）は実地によるシステム評価を実施した．配慮訓練生に対しては，初期段階から対応していくことが重要となる．訓練初日に本システムを活用して，訓練のスキル特性を考慮した全体指導，グループ指導，個別指導を設計する利用に適している．

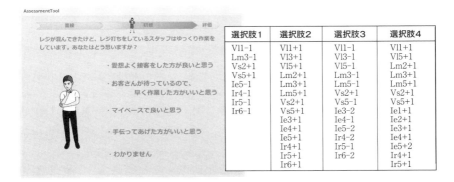

図16.2　行動選択画面とスキルの混ざり合わせ

16.5　今後の展望

　本章では，健常者と障害者の垣根のない職業能力開発の実現に向けた指導員育成のための学習支援システムを述べた．本取組みは，多層指導により，配慮訓練生が，指導員の支援なしに作業に取り組める自立を目指すものである．配慮訓練生には，得意なスキルを活かした練習メニューによる個別指導が特に重要となる．職業能力開発における MI 理論を活用した配慮訓練生に効果的な個別指導（練習メニュー），グループ指導，全体指導のベストプラクティスの収集は今後に残された課題である．本取組みは，JSPS 科研費 26350303 の助成を受けている．ここに記して深謝する．

参 考 文 献

Fujita, N., H. Takeshita, H. Fukae, S. Aoki, K. Matsumoto, T. Murakami and M. Hoshino（2017）："A System to Depict the Cognitive Process of Trainees based on Multiple Skill Parameters," *Journal of Communication and Computer*, Vol. 14, No. 2, pp. 73-83.

Gardner, H.（2003）：『多元的知能の世界―MI 理論の活用と可能性』（黒上晴夫監訳），日本文教出版.

Takeshita, H., N. Fujita and Y. Yamaguchi（2016）："Psychosocial interventions in an Employment Transition Support Center: Support staff's psychological balance," World Congress of Social, Indian Journal of Social Psychiatry, p. 444.

職業能力開発総合大学校 基盤整備センター（2015）：「訓練・学習の進捗等に特別な配慮が必要な学生への支援・対応ガイド（実践編）」．http://www.tetras.uitec.jeed.or.jp/files/database/graduate/support_guide.pdf

第17章
機械との協働による技能の高度化

17.1 機械と人間の協働

「機械と人間の協働」と一口に言っても，人間と機械が同じ目的のために対等の立場で協力して働いているのではなく，機械が得意分野を活かして人間の能力を補う支援をしているのが現状の「機械と人間の協働」の姿である．この意味での「機械と人間の協働」の発展が著しいものに，自動車における衝突時の被害軽減や追突事故を未然に防ぐことができる衝突被害軽減ブレーキが挙げられる．これは赤外線レーダー，ミリ波レーダーやステレオカメラ技術を利用して衝突，追突を回避するもので事故を低減するために有用なシステムである．このシステムは不注意による脇見運転を引き起こしてしまう人間の能力不足を補っている．人間の不安全行動を感知し，運転者に警告するとともにブレーキを作動させ，追突事故を未然に防ぎ安全に自動車を運行する目的のために協働している．

より直接的に機械と人間が協働している例として，CYBERDYNE社のHAL(Hybrid Assistive Limb)に代表されるパワースーツが挙げられる．パワースーツの仕組みにはいくつかあるが，HALの場合は人体の生体電位信号から人間の意思を感知し，動く機能を有し，福祉・医療分野でのリハビリテーションや建設現場，介護現場での重作業に対する負荷軽減を目的に人間と協働する機械である．近い将来，AI(Artificial Intelligence：人工知能)などの技術が進展し，生産ラインや介護現場などで機械が自律して行動を決定し，人間と同じ立場で協働する「機械と人間の協働」が行われるであろう．

一方，機械の支援を受けて技能を科学して，技能の高度化を図るという観点から「機械との協働」を考えると，VR(Virtual Reality)技術による機械(シ

ミュレーター)を用いた教育・訓練，モーションキャプチャー技術，ハイスピードカメラなどの画像処理技術を用いた技能の見える化がある．技能は熟練者の手本を模倣することから始まり，反復練習を行うことで身につき，高度化・独自化する習熟過程をとる．VR 技術や画像処理技術は，この技能の習熟過程のすべてにおいて有用である．特に武道，茶道などの修行段階を表現した言葉である「守破離」の「守」と「破」の段階での教育・訓練に多く活用されており，非常に効果的である．「守」とは師匠，指導者や流派の教えや型，フォーム，技，作法の基本を徹底して学ぶ段階である．弓道では「正射必中」(正しい射をすれば必ず中る)という言葉の下で基本動作である「射法八節」を繰り返し学ぶ．「破」とは学んできた基本を元に，他の指導者や流派の教えなどを学び，取り入れる段階である．最後に「離」で師匠，指導者や流派から離れ独自の型を確立する．

手本を模倣する「守」の段階で活用されているのが，モーションキャプチャー技術，ハイスピードカメラなどの画像処理技術である．これらの技術を用いて熟練者，トップアスリートの動作を分析することで，技能(技)を見える化し，暗黙知・身体知である作業のカン・コツ，身体の使い方を客観的，定量的，定性的に評価することができる．また，未熟練者の動作解析を行って，主観的に頭で考えている身体の動きと客観的な実際の身体の動きのギャップを把握できるようになるなど効率的に型・フォームを習得することが可能になる．

次に「守破離」の各段階に共通して活用できるのがVR技術である．多数の熟練者が操作したデータを参照することで，自らの指導者以外の技を取り入れることができるほか，反復練習が可能で独自の型を模索することもできる．加えてVR技術は，緊急事態や失敗が許されない条件に対する訓練を行うことにもたいへん有用である．例えば，フライトシミュレーターは航空機体のトラブルや，悪天候を容易に再現でき，それらに対する操縦技能を高めることができる．

以下では，機械と協働して技能を科学し，技能の高度化を図っている医療分野，スポーツ分野，産業分野を取り上げ，さらに職業能力開発分野における取組みについて述べる．

17.2　医療分野における機械との協働による技能の高度化

　医療分野で機械と協働して技能の高度化を図っている例として，VR技術を利用した機械（シミュレーター）による外科手術の手技（技能）の訓練が挙げられる．医学教育とシミュレーターについてまとめている木島（2010）は，医療技術の進歩に伴って，直接手にメスを持って行う開腹手術は内視鏡，関節鏡，腹腔鏡などの低侵襲手術に置き換わりつつあり，これらは器具を介した間接的な手術でVR技術との親和性が高いと述べている．

　また，藤原ほか（2010）は，低侵襲手術は開腹手術に求められていなかった2次元の画像から3次元の構成を把握する能力や，モニター画面の視認と両手と足の操作を協調させて行う能力が必要であると述べている．これらの技能の獲得，高度化には，これまで実際の患者の手術に助手として参加し，段階的かつ部分的に手術を担当しながら手技を習得するOJT（On the Job Training）や人間と類似性が高い動物（ブタ）を利用したトレーニングが行われてきた．この手技の習得方法では，多数の研修医を同時に効率良く教えることが困難で，動物と人間では細部が異なること，動物愛護の問題，高コスト，反復練習が難しいなどの課題がある．

　そこで，これまでの手技の習得方法を補完し，失敗が許されない試すことができない手術の安全性を高めるために，医療現場ではVR技術を用いた機械との協働で技能の高度化が図られている．特に製造業など他分野の技能の習熟，高度化の過程で必要不可欠な反復練習が安全に行えるところに特長があろう．

　他方，技能の高度化とは異なるが医療分野ではAIを用いた画像診断や創薬，治療方法の検討，3次元プリンタを用いた人工臓器の作製やロボットを用いた遠隔手術などさまざまな面で機械との協働が進展している．

17.3　スポーツ分野における機械との協働による技能の高度化

　阿江（1997）は，スポーツ分野において動作解析で得られたデータは，動作の改善，効果的なトレーニング方法の開発，運動障害の原因の究明，スポーツ用具の開発，動きの発育発達や加齢に伴う動きの変容を把握することに有用であると述べている．

この分野における技能(技)を科学する歴史は古く，スポーツバイオメカニクスとして体系的に研究されている．歩く，走る，跳ぶといった基本的な動作から，投げる(オーバーハンド投げ，ハンマー投げ)，打つ(野球，テニス，ゴルフ)，蹴る(サッカー)など多岐にわたっている．

例えば，打つという技能要素を有するゴルフは，渡辺ほか(1999)によってゴルフクラブ(ドライバースイングを対象)の諸運動と平均スコアとの関係が明らかにされ，スコア向上，技能向上に必要な改善策が示されている．具体的には，光電センサー(クラブの通過時刻を測定)，ハイスピードカメラ(クラブヘッドの運動などを測定)，ジャイロセンサー(スイング時の体幹の捻れ角度，角速度，角加速度などを測定)で，クラブヘッドのスピード，ボールスピード，体幹の捻れ角度，体幹の捻れ加速度など28項目を測定している．測定結果を統計的に解析し，ニューラルネットワークシステムに入力して，平均スコアを推定している．その結果，平均スコア，技能を向上させるには「ボールスピードやヘッドスピードをばらつきなく速く，体幹の捻れ角は小さく，捻れ速度を速くすることを意識して練習を行う必要がある」と述べている．

また，深代ほか(2001)はスポーツバイオメカニクスとコーチングの関係について，「模倣となる熟練者の動きを運動力学的に把握し，それに似た行動を行ってみる」ことから動作の改善は始まると述べている．さらに，「熟練者の動きが優れている理由がわかれば，体型や体力の違いを考慮して，その動きを他の人達に適用することができる」と述べている．これらは，技能の見える化によって得た動作解析データを有効に活用するうえで非常に参考となる指摘である．

17.4 産業分野における機械との協働による技能の高度化

これまでの産業分野では技能を向上，高度化するために機械と協働してきたというより，技能継承を円滑に図ることや，人の作業を機械が代わることを目的として機械と協働してきたと考えられる．技能継承を円滑に図る取組みは，中小企業庁，独立行政法人新エネルギー・産業技術総合開発機構を中心に行われており，技術・技能の継承・共有化を図るツールや，工程・製造設計の効率化・省力化を実現するソフトウェアが開発され公開されている．

人の作業を機械が代わるために機械と協働している代表的な例は，産業用ロボットであろう．産業用ロボットと協働することは，3K(危険，汚い，きつい)と言われてきた作業から作業者を解放し，高品質の製品を安定供給し，熟練技能者の不足を補うなど，生産現場における役割は大きい．

一方，溶接技能を科学して，技能の高度化を図れるシステムが佐久間ほか(2006)によって実用化されている．これは TIG(Tungsten Inert Gas)溶接を対象とし，CCD カメラによる画像と画像処理で技能の可視化，定量化を行えるシステムである．ウィービング(トーチ運棒)振幅，ウィービング(トーチ運棒)周期，電極－ワイヤー先端距離らで溶接技能を評価し，熟練者と未熟練者を比較できる．これによって溶接技能の高度化を図れるとともに，効率の良い技能訓練が実現できると考えられる．

17.5 職業能力開発分野における機械との協働による技能の高度化

職業能力開発分野における機械と協働して技能を科学している事例として，筆者らの建築大工技能の見える化に関するいくつかの実験・研究がある．その中から近藤ほか(2015)の鋸挽き作業について述べることとする．

従来の大工技能の習得は，指導者の技を見て盗み，作業のカン・コツは経験を重ねることで体得されてきた．未熟練者は指導者の型・フォームを真似，守りながら試行錯誤を繰り返す．この過程で自らの作業における問題点を発見し，改善方法を考えるために，自問自答を繰り返しながら技能を習得していく．この技能の習得方法は，個人差は当然あるが非常に多くの時間を要する．

そこで大工技能を効率良く習得させ，高度化させようとすると，機械の支援を受けて熟練者の技能，作業のカン・コツを見える化することが有効である．

近藤ほか(2015)の大工技能の見える化の研究では，身体の 20 箇所の関節位置を推定し，座標データを測定できる Kinect(Microsoft 社製)を用いて，熟練者と未熟練者の動作を測定した．Kinect はモーションキャプチャーのようにマーカーを付けないで簡易的に身体の位置情報を得られるところに特徴がある．

図 17.1 の左に鋸挽き作業の動作解析実験の様子(上半身のみの関節位置を推定させた場合で，左右は反転表示されている)を示し，測定時に設定した座標

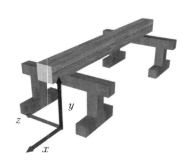

図 17.1　鋸挽き作業の様子(左)と座標軸(右)

軸を図 17.1 の右に示す.

　被験者とした熟練者は，技能グランプリ入賞者や技能五輪の入賞者を多数輩出している企業内訓練校で長年にわたる指導経験を有する者とした．一方，未熟練者は職業能力開発総合大学校で大工作業の経験がある学生とした．対象とした動作は，鋸による横挽き作業で，被切断材は断面寸法が 105 mm× 105 mm のヒノキ材である．

　図 17.2 に鋸挽き作業時の熟練者と未熟練者の右肘の座標を測定した結果をそれぞれ示す．図 17.2(a) から熟練者の右肘の x 座標は 0 mm 付近を示し，被切断材の切り墨(切断位置)を含む yz 平面上に右肘がある．

　一方，図 17.2(b) から未熟練者の右肘の x 座標は，原点から正の方向へ 100 mm 程の値を示している．この未熟練者は，被切断材の切り墨上(yz 平面上)に右肘が存在していないことがわかる．また，図 17.2 の y, z 座標値を見ると，熟練者に比べて未熟練者は振幅が大きく不規則な変動を示している部分が多い．このことから未熟練者は，一定のリズムで鋸を動かしていないといえる．

　次に図 17.3(a) から鋸挽き作業時の熟練者の頭の z 座標(被切断材に対して奥行き方向)が負の値を示しているので，熟練者は前傾姿勢を保ち，被切断材の前面の切り墨を目視している．それに対して，図 17.3(b) から未熟練者の z 座

第17章 機械との協働による技能の高度化

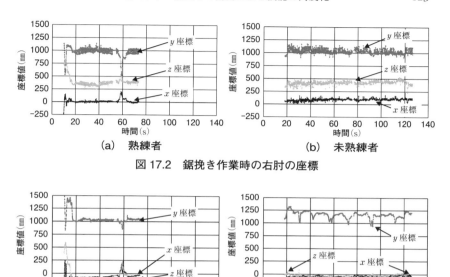

図 17.2 鋸挽き作業時の右肘の座標

図 17.3 鋸挽き作業時における頭の座標

標は概ね原点付近の値を示しているので，未熟練者は被切断材の上端を中心に目視していると推察される．両者で目視している範囲が異なることがわかった．

また，図 17.3 の頭の高さ方向を表す y 座標値に着目すると，熟練者は鋸挽き開始から 60 秒後に被切断材を回し切り（被切断材を回転させて鋸挽きすること）するために，上体を起こした瞬間に変動を示したほかは大きな上下運動をしていない．未熟練者は回し切りをしていないが，鋸挽き開始直後から頭が上下に大きく動いていることがわかる．

熟練者，未熟練者の鋸挽き作業について本実験の範囲でいえることは，「熟練者は頭の高さを概ね変えずに前傾姿勢を保ち，視線は被切断材の上端と前面の切り墨を中心とし，右腕は切り墨延長上を一定のリズムで動かしている」こと，「未熟練者は頭が上下に不規則に動き，視線が被切断材の上端の切り墨を中心とし，右腕は切り墨から離れた位置を不規則に動かしている」ことである．

今後の展開として，簡易的に身体の位置情報を得られる機械（Kinect）を用いて取得したデータを活かして大工技能を高度化するために，医療機関で作成される健康診断票のような技能診断票を考えている．技能診断票によって作業姿勢，動きなどのセルフチェックが可能となり，従来の技能習得方法よりも効率的に技能を高度化ができると考えられる．これらの指導法の構築や習熟度の評価などは検討を進めている段階である．

　最後に，ここで紹介した鋸挽き作業のほかに，西口ほか（2017）の刃研ぎ作業の動作と作業時に生じる力を把握した実験などがある．章末の参考文献を参照されたい．筆者らの建築大工技能の見える化に関する実験および調査は，科研費 26350221，15H02920 の助成を受けて行われた．ここに記して深謝する．

参 考 文 献

阿江通良（1997）：「体育・スポーツにおける動作分析手法の利用」，『計測と制御』，Vol. 36，No. 9，pp.622-626.

木島竜吾（2010）：「医学教育システムと VR 技術」，『日本バーチャルリアリティ学会誌』，Vol. 15，No. 1，pp. 10-13.

近藤聖徳，塚崎英世，玉井瑞又，前川秀幸，松留愼一郎，山口哲平（2015）：「大工技能の動作解析に関する研究」，『日本建築学会学術講演梗概集』，pp. 157-158.

佐久間正剛，浅井知（2006）：「ビジュアルセンサを用いた溶接技能デジタル化システム」，『溶接学会誌』，Vol. 75，No. 8，pp. 653-657.

西口光太郎，塚崎英世，玉井瑞又，定成政憲，前川秀幸，松留愼一郎（2017）：「大工技能の動作解析に関する研究—刃研ぎ作業について」，『日本建築学会学術講演梗概集』，pp. 359-360.

藤原道隆，岩田直樹，田中千恵，渡邉拓哉，小寺泰弘，中尾昭公（2010）：「内視鏡下手術訓練システムの現状と今後の展望」，『日本バーチャルリアリティ学会誌』，Vol. 15，No. 1，pp. 27-31.

深代千之，桜井伸二，平野裕一，阿江通良編著（2000）：『スポーツバイオメカニクス』，朝倉書店．

渡辺嘉二郎，穂苅真樹（1999）：「ゴルフスキルと身体およびクラブの運動」，『計測と制御』，Vol. 38，No. 4，pp. 249-254.

第18章
「機械 + AI + 人」による新たな価値の創造

18.1 産業構造の転換に向けて

スマートフォンやIoT (Internet of Things) の普及など情報通信技術の飛躍的な発展により，社会や多くの学術研究分野において時々刻々と生み出された膨大な情報は，ビッグデータとして蓄積されている．このビッグデータ内には膨大な知識や潜在的価値が含まれているため，AI (人工知能) を利用したデータの分析・処理による有効活用が今後の産業発展の鍵となっている．ビッグデータの利活用は，企業の国際競争力の強化だけでなく，社会における課題解決や新たな事業・サービスの創出，個人の生活の利便性向上などにつながることが期待されており，既に激しい国際競争が始まっている．産業界においても，既にドイツがインダストリー4.0，米国がインダストリアル・インターネットを提唱し，国際標準化に向けた主導権争いが展開されている．AI，IoT，ビッグデータ，ロボットの技術革新による構造改革が起こるなかで，わが国においても，これに対応した人材育成を含めた包括的な取組みが喫緊の課題となっている．本章では，わが国の「機械 + AI + 人」により新たな価値を生み出す展望について述べる．

18.2 ビッグデータの概要と利活用技術者

総務省 (情報通信審議会，2012) には，ビッグデータの構成例として，ソーシャルメディアデータ，ウェブサイトデータ，センサーデータ，ログデータ，マルチメディアデータ，カスタマーデータ，オフィスデータ，オペレーションデータが挙げられている．ビッグデータは，「既存の技術では管理するのが困難な大量のデータ」と定義され，Volume (データ量)，Variety (多様性)，

Velocity（発生速度・更新頻度）の 3V で表される．これには，ICT（情報通信技術）によって，生成，収集，蓄積などが可能となるさまざまな形式や構造をもつ多種多様な大量のデータを，時々刻々と異なる頻度や精度で取り込む非定常性を伴う不均質で大規模なデータ集合である点に本質がある．従来のデータ分析は，目的のために収集された入力データをアルゴリズムで処理し，必要な情報を出力として得ることが解析の基本であった．ビッグデータの分析は，従来のデータ分析では得られなかった科学的発見や予測・知識獲得が実現可能となる．しかし，自然現象や社会生活のなかで日常的に発信される情報をセンサリングやモニタリングし記録した多種多様なデータの分析結果を利用する必要がある．また，情報処理についても，データの理解と分析手法の適切なモデリングからの情報や知識の取得に移行している．そのため，日本学術会議情報学委員会 E-サイエンス・データ中心科学分科会（2014）や文部科学省（2015）において，ビッグデータを扱うデータ取得技術，データ活用技術，機械学習，統計モデリングなどの新たな情報処理技術を習得したビッグデータ利活用技術者が必要と提言し人材育成に向けた取組みがなされている．

　生産現場では，製造プロセスのデータ収集・活用による改善活動の取組みは多いが，改善以上の付加価値の提供には至らない事例が多い．付加価値の創出には，AI にビッグデータを与え，その分析結果を用いてロボットなどを制御するシステムが必要となる．さらに，「機械 + AI」の知識・技術をもち，ビッグデータの利活用技術を備えた「人」も必要となる．

18.3　ビッグデータの利活用と社会構造の変革

　次に，ビッグデータの利活用による社会構造の変革について述べる．経済産業省の調査（経済産業政策局，2015）によるとビッグデータにより，製造プロセス，モビリティ，医療・健康，流通，インフラ・産業保全，エネルギー，行政など幅広い分野において変革の動きが見られる．ビッグデータの利活用によって，これまで認識し得なかったさまざまな法則や関係性，無意識的なものを含めた個々人の行動や嗜好などが明らかになることで，それぞれのニーズに応えるなどのまったく新しい価値を生み出すことが可能となる．よって，データを迅速・的確に収集・解析・活用できることが産業競争力の源泉となり，既製品

を販売し，規格化されたサービスを提供する従来型のものづくりから個々人の異なる価値にテーラーメイドで対応することが主流となる可能性が考えられる．

ここで，ビッグデータの利活用に伴う産業構造の変化を見極めるために，必要とされている視点を挙げる．

① 「もの」から「システム」あるいは「コト」への価値の移行
② 産業活動のプロセスのシステム化と企業を越えた移転可能性
③ データのバリューチェーン(価値連鎖)における産業競争力の源泉の所在

特に，①において「もの」は，人間が「使う(操作する)」という行為をシステムが代替し，人に価値を提供するシステムとなり，人間が「ものを使う(操作する)」ことなく目的が達成される．「もの」はシステムや顧客が体験したい「コト」の構成要素にすぎず，「ものの使いやすさ」などは価値を失い，「もの」は人間にとって独立の価値評価の対象ではなくなる．この結果，価値評価の対象はシステム全体や顧客が体験したい「コト」(User Experience：UX)となり，「もの」は「システム」や「コト」の一部に埋没する．わが国のものづくりは，産業構造の変化に柔軟かつ迅速に対応しなければ，システム部品となる下請的な「ものづくり」を行う産業となり高付加価値部門の損失につながりかねない．

わが国の生産現場は，ICTを活用した生産自動化により，工場内の生産性向上の分野では世界をリードしている．現状では大量生産を行うことがベースであり，機械同士をつなぎ生産ラインを自律的に変更する変種変量生産の実現には至っていない．また，製造物や製造ラインのセンサーからデータを取得し，製品の保守や生産効率化に活用する動きもあるが，自社内でクローズされたシステムであり，競合他社へのシステム提供を通じて付加価値を獲得する動きには至っていない．そのため，デジタルものづくりのプラットフォームの構築と，それを工場内に導入し運用を担う「機械＋AI」の知識・技術をもつ人材の育成が必要である．さらに，データ蓄積・分析による付加価値の抽出が国際競争力の源泉となるため，製造業のデジタル化による企業を越えたつながりの促進とともにデータから予測モデルなどの付加価値を創出できる「人」づくりが必要である．

次に，就業構造の変革について述べる．まず，量的影響として，少子高齢化

に伴う労働人口減少は，経済成長にとって最大のマイナス要因であるが，「機械＋AI」を用いたビッグデータの利活用により，ロボットなどの利用を促進することで雇用を代替し，従来は技術導入が困難であったサービス業などの非定型的業務においても構造的な人手不足解消の効果が期待できる．また，質的影響として，労働集約的業務が「機械＋AI」へ代替が進むことで，「人」の仕事は，ヒューマンインタラクションが必要なものや，より創造的なものにシフトし，これまでに存在しなかった新規産業の創出につながる可能性がある．

よって，産業構造の転換に対応可能な人材育成が最重要課題となる．すべての人が社会構造の変化に対応するため，リテラシー教育や社会人の学びなおしであるリカレント教育も包括したわが国の教育改革が必要である．

18.4　わが国のものづくり企業の課題解決の方向性

わが国の製造業は第4次産業革命の進展に合わせた変革が求められている．ビッグデータの利活用が今後の「システム」づくりや顧客の「コト」づくりでの付加価値の源泉であるが，サイバー空間におけるWebやSNSなどのバーチャルデータの利活用分野では，すでに，グーグルやアマゾンなど米国IT企業が主導権を握り，プラットフォーム提供者としての争いを展開している．一方，実世界のセンサーなどで取得可能なリアルデータの利活用は，潜在的にビッグデータを保有する製造業が主導権を握る可能性があり，迅速な対応が求められている．この分野もGEやシーメンスが自社内のデジタル化を図り，そのソリューション展開による利益拡大を進めている．わが国がこれらに対抗するには，日本企業が一丸となり，製造業のデータを標準化し，ものづくり力と現場データを保有する強みを最大限に活用し，共有する必要がある．そして，その取組みには，企業や分野を越えわが国の産業がものづくり現場のデータをどのように扱うかが重要な議論となる．ここでは，経済産業省が推進する付加価値の創造・最大化，現場力の向上を支援する「スマートものづくり」(経済産業省製造産業局，2017)の取組みのうち，IoT，ビッグデータ，AIの利活用に必要となるデータ標準化の視点から，2016年のスマート工場実証事業の事例を2つ紹介する．

事例1　データプロファイル標準化

実世界(フィジカル空間)に存在する多様なデータをセンサーなどで収集し，サイバー空間でビッグデータ処理技術により分析し，その結果を用いて実世界の問題解決を行う取組みがCPS(Cyber-Physical System)である．このCPSを用いた新たな価値の創造が加速するなかで，多種多様なデータを相互に利用するには，データ流通ルールとなるデータの標準化が必要となる．日立製作所では，生産現場の機器やセンサーから集まる現場データを利用し多様なアプリケーションに活用するためのデータプロファイル標準をまとめている．

実証実験では，ATM製造工程の曲げ加工業務を例として，人間主体作業とレガシー設備に対しセンサーにより，機械加工現場における4Mデータ(Man, Machine, Material, Method)を対象にデータ収集を行っている．これは，国際標準規格およびリファレンスであるPSLX(Planning and Scheduling on Lifecycle information eXchange)やIVI(Industrial Value Chain Initiative)での組織内の業務における入出力(指示・結果)と製造業の経営資源の4Mに着目したアプローチによるデータプロファイル標準の設定である．

事例2　予知保全サービス

製造設備の故障や不具合を予知する予知保全は，安定した製造を行い，保全作業を計画的に平準化する重要な要素であり，その安定動作やビッグデータにもとづく性能向上や改善は，製造企業だけでなくIoT環境により製造設備を提供した企業との連携による遠隔操作に移行している．ブリヂストンでは，自社の生産設備から取得可能な動作データのデータ構造を標準化し，関連企業へのデータ公開による予知保全サービスに取り組んでいる．

実証実験では，タイヤ製造設備における生産設備(成型，加硫，精錬)を対象にPLC(Programmable Logic Controller)制御プログラムにより設備のイベントデータを取得している．取得したデータをデータ統合・加工し，設備動作のフォーマット化によるビッグデータの構築を行い，設備監視(稼働分析，故障解析，品質解析)を開始している．さらに，関連会社とのデータ連携や社外予知保全サービスの利用に向けたデータ共有化の検討も進んでいる．

ここでは，データ標準化に向けた実証試験の一例を示した．『ものづくり白書 2017 年度版』(経済産業省ほか，2017)には，産業タイプ別の対応事例が多く掲載されている．今後，第 4 次産業革命の進展に合わせて製造業が変革するには，IoT，ビッグデータ，AI などのツールの導入ではなく，その先にある「機械＋AI＋人」による日本独自の新たな「ソリューション」の確保を目指した取組みが，わが国の生産性向上や新たな付加価値獲得に向けた知見の獲得につながると考えられる．

18.5　産業構造の転換点における人材育成と公共職業訓練

　産業構造の転換点での人材育成として公共職業訓練が取り組むべき展望を述べる．日本経済再生本部(未来投資会議構造改革徹底推進会合，2017)では，ビジネスソリューションを考える層および ICT をビジネスの現場で駆使する層の人材育成には，ポリテクセンターなどの在職者訓練も含まれる．これは，産業構造の転換のニーズに合わせ職種転換を図る取組みである．一方，実際の生産現場で実践技術者が培った技能・技術を，現場で生み出されるビッグデータを利活用し「機械＋AI」化を促進する必要もある．生産現場を知る実践技術者の「機械＋AI」化により生産性向上と高付加価値化を加えて，国際競争に立ち向かう．すなわち，熟練技能者の知と技能・技術の「機械＋AI」による再現である．これらによる VR(Virtual Reality)などを活用した技能者育成だけでなく，「機械＋AI」化による「人」の拡張を行うことで高付加価値化を生み出し，これまで人の技術・技能では成し得なかった新たな技術・技能を獲得する必要がある．これを国策として取組み，産業構造の転換に合わせた効果的な教育・職業訓練を提供していく使命があると考えられる．ここでは，データサイエンス人材育成とロボット分野人材育成について述べる．

データサイエンス人材育成

　データサイエンティスト協会(2014)によると，ビジネスを理解し，情報処理，人工知能(AI)，統計学などの利用により，データを意味のある形で使用できるデータサイエンス人材は次の 4 つのスキルレベルで定義されている．

　　① 業界を代表するレベル：Senior Data Scientist

② 棟梁レベル：(Full)Data Scientist
③ 独り立ちレベル：Associate Data Scientist
④ 見習いレベル：Assistant Data Scientist

　公共職業訓練は，③④レベルを中心に，社会人の学び直しの支援も含めたビッグデータ利活用技術が国民全体に行きわたるリテラシーを担う必要がある．すなわち，従来の技能・技術の職業訓練に加え，ビッグデータ利活用を実践可能となる職業訓練の展開が必要である．米国，英国，欧州だけでなく中国，韓国などアジア諸国の大学には，統計学を核とする学部・学科があり，データサイエンス教育が既に展開されている．わが国では，欧米などと比較しデータ分析スキルを有する人材が極めて少ない．そのため，ものづくり技術者へのビッグデータ利活用技術のT型・Π型の訓練は今後重要な要素となる．

ロボット分野人材育成

　経済産業省のロボット新戦略(ロボット革命実現会議，2015)において，SIer (System Integrator)などの人材の技術・技能の向上のため，在職者向けの公共職業訓練の活用について，経済産業省と厚生労働省が連携して検討を行うとしている．わが国の職業訓練として「機械＋AI」を用いたビッグデータ利活用技術を含む訓練を展開し，産業構造の転換に対応する「人」づくりを支援する．「機械＋AI＋人」は既存の職種を奪うのではなく，「機械＋AI」を利用した生産性向上により，「人」が高付加価値化を担う産業構造への変革だと考える．そのためには，実践技能者が自らの技能・技術を機械化・AI化し，従来のものづくり産業から第4次産業革命に適応した新たなイノベーションを創出できる人材に転換していくことが望まれる．職業能力開発総合大学校では，厚生労働省第10次能力開発基本計画の生産性向上に向けた人材育成戦略を受け，ロボットセルを利用したロボット分野の人材育成に取り組んでいる．

18.6　今後の展望

　本章ではビッグデータ利活用技術者の養成に向けて体系化の必要性とその方向性を述べた．ビッグデータ時代の到来により，社会システムのイノベーションにも大きなインパクトをもたらし，産業構造や就業構造が大きく変化してい

る．このシンギュラリティ(技術的特異点)に対し，わが国のものづくりが，グローバルに高付加価値なシステムを提供し続けられる産業であるために，「機械＋AI＋人」をつなぎ，活用可能な人材養成を企業・業界を越えて日本国として推進できるオープンイノベーションな組織・体制づくりを期待したい．

参 考 文 献

経済産業政策局(2015)：「ビッグデータ・人工知能がもたらす経済社会の変革」，経済産業省．

経済産業省製造産業局(2017)：「スマートものづくり」，経済産業省．

経済産業省，厚生労働省，文部科学省編(2017)：『ものづくり白書　2017年版』，経済産業調査会．

情報・システム研究機構(2015)：「ビッグデータの利活用のための専門人材育成について」，大学共同利用機関法人情報・システム研究機構．

情報通信審議会(2012)：「ビッグデータの活用の在り方について」，総務省．

データサイエンティスト協会(2014)：「データサイエンティストに求められるスキルレベル」，一般社団法人データサイエンティスト協会．

日本学術会議情報学委員会(2014)：「提言 ビッグデータ時代に対応する人材の育成」，国立研究開発法人科学技術振興機構．

未来投資会議構造改革徹底推進会合(2017)：「人材層別(IT活用人材)取組の現状と課題」，日本経済再生本部．

ロボット革命実現会議(2015)：「ロボット新戦略」，経済産業省．

第19章
職業能力開発の教育研究と技能科学

19.1 わが国の職業訓練の発展モデルと海外との違い

　技能者を育成する職業能力開発，すなわち職業訓練の発展モデルは国によって異なり，大きく3つのモデルに分類できる．すなわち，国家が組織化し統制する学校モデル，企業内教育を中心とする市場モデル，およびその両者を融合する国家制御的市場モデルである．学校モデルの代表はフランスやイタリアであり，市場モデルの代表例としては米国や英国が挙げられる．国家制御的市場モデルの代表例はドイツが挙げられる(Grainart, 1998)．

　そのドイツでは日本の中学校に相当する基幹学校あるいは実科学校(他の上級学校に進学するギムナジウムがある)を終えた者の多くは，デュアルシステムと呼ぶ二元性の職業教育訓練を受ける．これは企業内で訓練を受けつつ，週に1回か2回，職業学校に通い基礎となる理論的な学修を行うものである．2年～3年半で試験を受け，合格すれば証書とともに専門労働者あるいは職人として企業に就職できる(吉川, 2017)．

　日本はどうだろうか．ドイツの職業訓練研究者であるグライネルト(Grainart, 1998)によれば，日本も米国と同様に市場モデルに位置づけられる．日本の職業訓練における2つの潮流，すなわち，失業者に対する公的な「職業補導」事業と明治期に始まる企業内の養成工制における技能者養成を見たとき，国際的な vocational training の概念からすればグライネルトの類型は的を射ており，工場法施工令の「徒弟」条項(1916年)，工場事業場技能者養成令(1939年)，労働基準法に基づく技能者養成規程(1947年)，職業訓練法(1958年)という流れは，企業内教育モデルと理解される．

　また日本では「職業訓練」という言葉は慣用的に用いられているが，国際的

には ILO の"vocational training"や UNESCO の"technical vocational education and training"(TVET)が用いられている．これらはいずれも若年者を対象とした養成を意味している．一方，日本では職業訓練法から 1985 年に職業能力開発促進法に改めて以降，旧労働省による「職業能力開発」では，対象の中心が在職労働者であり，生涯職業能力開発理念にもとづく継続性を含意しているところが異なる．

その際，日本の公的部門の職業訓練を包括する「職業能力開発」を HRD (Human Resource Development)を英訳して今日に至っているが，米国における職業訓練を包括する HRD の領域・体系とは大きく異なる．米国における HRD は，その構成として個人開発，キャリア開発あるいは形成(Career Development：CD)，パフォーマンス開発，組織開発など，経営学の分野としての領域・体系となっている(Gilley ほか，2002)．

なお，職業訓練は広義には教育の一部であるが，田中ほか(1999)によれば，教育すなわち，"education"の原義には，日本語の「教育」には含意されていない「人の能力を開発することであり，能力とは職業である」という意味を内包しているという．したがって，欧米では，前述の学校モデルの根拠ともいえる，学校は仕事や労働の中から国民の必要に応じて成立したのに対し，日本では「学問は身を立てる財本」(明治 5(1872)年「学制序文」)とする明治政府の当時の必要性から成立した独特の教育観から始まる．その典型が普通教育の盲信や，企業内教育の必要性につながっているものと思われる．

19.2　職業訓練指導員の育成を目的とした教育モデル

日本の職業訓練を支え技能の伝承を担っているのが公的資格としての職業訓練指導員の制度である(2017 年厚生労働省によりテクノインストラクターという愛称が定められた)．現在，全国にある法務省を含めた国そして都道府県，企業内の職業訓練施設，あるいはこれも全国 25 の職業能力開発大学校あるいは職業能力開発短期大学校で，職業訓練の実務を担う職業訓練指導員の数は約 5,000 人といわれる．

この職業訓練指導員を育成し，さらにブラッシュアップのための研修を担っているのが，この分野に 56 年の歴史をもつ厚生労働省所管の職業能力開発総

合大学校(職業大，英文名称 Polytechnic University(PTU))である．指導員として必要な，①技能・技術力，②イノベーション力，③マネジメント力，④問題発見解決力，⑤キャリアコンサルティング(CD)力，⑥訓練コーディネイト力，⑦職業能力開発指導力，からなる7つの能力が規定され，指導員養成のため教育が行われている．その内容は，技術・技能系と CD など HRD の要素を組み合わせたものとなっている．

このような労働行政の下で職業訓練指導員養成を目的として PTU をモデルに設置された海外の大学が，韓国と中国にそれぞれ 1 校ある．韓国の韓国技術教育大学(Korea University of Technology and Education：KUT)，中国の天津職業技術師範大学(Tianjin University of Technology and Education：TUTE)である．

韓国の KUT では，技術・技能系と HRD とではそれぞれ別の学部(研究科)構成となっており，両者を統合した教育・研究体制にはなっていない．しかしながら，HRD 系統では "Techno HRD" として，技術・技能に特化した HRD を標榜していることは興味深い．一方，中国の TUTE は職業訓練指導員に相当する技術・技能系の TVET 教員の育成を維持しながらも，設立当時に比べて大きく規模を拡大し総合大学の体を成していることが特徴である．

19.3　学問としての職業能力開発学の枠組み

学問としての職業訓練の体系化については，まずこの分野の 1990 年代における先駆的研究として，当時 PTU で教鞭をとっていた田中ほか(1999)の試みがあり，それは技術学，社会学，経済学を基底とする職業訓練学，すなわちエルゴナジー(仕事 ergon＋導く agogus の造語)の提言である．その内容は，教育学からアプローチの色彩が強く，社会学，経済学を含めており，専門分野としての学問としては学際的過ぎるようにも思えるものであった．

それでは，前節までに述べた職業訓練の発展モデル，教育体制を踏まえると，職業訓練学あるいは職業能力開発学とも呼ぶべき学問としての体系は，どのようなものであるべきであろうか．

職業訓練の対象となる職業あるいは職種に対応する用語として，職業的専攻(Herkner ほか，2010)がある．例えば，工場・技術的専攻，人に関するサー

	職業的専攻								
	機械技術	木工技術	電気技術	情報技術	金属技術	…	健康	介護	…
HRD	各職業的専攻分野における雇用労働者の職業能力の開発・向上のためのOJT，Off-JT								
CD	各職業的専攻分野における個人のキャリア形成を前提とした学習（自己啓発，職業資格取得，能力検定など）								
TVET	各職業的専攻分野に関する公的職業教育訓練（通常，職業学校，職業訓練機関で行われる）								

図 19.1　職業能力開発学の枠組みイメージ

ビス分野の専攻，その他の職業専攻の大分類の中に，職種に相当する職業専攻の細分類が規定されている．

このような対象に，職業能力開発に係るアプローチとして，これまで見てきた HRD，CD（キャリア形成），TVET（技術職業教育）を組み合わせることによって，図 19.1 に示すような職業能力開発学とも呼ぶべき学問的枠組みとすることができると考えられる．HRD，CD，TVET の 3 つの職業能力開発に係るアプローチをもってくる理由として，これらがそれぞれ共助，自助，公助の 3 つの側面をカバーしているからである．

図 19.1 の枠組みによって，現在行われている職業能力開発や職業訓練に係る業務の説明や学問的研究のテーマが説明できる．これに職業的専攻で求められる技術や技能の進化や高度化，特に技能についてはその伝承の容易化やスピード化といったダイナミズムを組み込むにはどうしたらよいであろうか．さらに現在起きている第 4 次産業革命や IoT，AI（人工知能），ビッグデータのような新しい流れにより，新たに生まれる職業的専攻の方向性をも取り込むにはどうしたらよいであろうか．

19.4　職業能力開発学から手段としての学問，技能科学へ

図 19.1 をベースに前述したメカニズムを取り込むために，2 次元から 3 次元化に拡張したものが，図 19.2 である．まず，図 19.1 における職業的専攻の部分をそこで要求される技能に置き換えてある．ここで技術・技能ではなく技能としたのは，これからのものづくりや職業能力開発でその伝承やデジタル化

第 19 章　職業能力開発の教育研究と技能科学　　　137

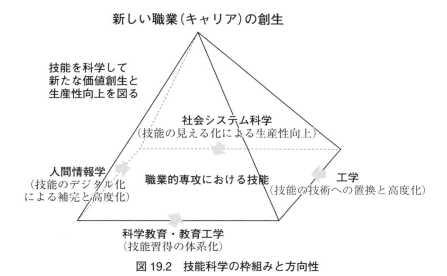

図 19.2　技能科学の枠組みと方向性

の必要性が叫ばれている日本の強みである特に匠の技や熟練技能の技，すなわち技能に着眼したためである．

　さらに，HRD，CD，TVET は科学教育・教育工学(科研費の系，分科・細目の用語)に置き換え，これに加えて，**第 1 章で述べた人工物の科学(AI などを含む人間情報学，社会・安全システム科学)や，自然科学を内包する工学の 4 つの方向から，技能にアプローチする平面として再構成している**．これらの用語は工学を除いた三者は，科学技術研究費の学問領域の分科で用いられている用語に対応させ用いたものである．

　このような 4 つの科学的側面から，技能にアプローチ，すなわち「技能を科学する」ことによって，技能を見える化・デジタル化し普遍的な技術にすることによる効率化・生産性向上，機械との組合せによる容易化・高度化や習熟のスピード化を図ると同時に，さらに科学から触発されて新たな価値を創生する技術進歩に伴う新たな技能の創生，新しい職業(キャリア)の創生につなげることを目指したい．図 19.2 は，そのイメージを表現するために技能を囲む 4 つの科学・工学の平面を，上に伸ばし四角錐の頂点に，最終的目標として新しい

技能にもとづく職業(キャリア)創生を図示したものである．

そしてこのような枠組み・領域を表す学問として，「技能を科学する」を短縮し，「技能科学」という今まで世にないネーミングを与えた．科学技術は，本来，「科学と技術」というべきところを，19世紀にこの言葉が渡来し両者を合体させ用いてきた日本独特の言葉であるのに対して，技能科学は「技能を科学する」という含意でネーミングした造語であり，英文では Polytechnic Science と呼びたい．

本書の枠組み・構成も図19.2に則ったものであるが，今後，技能科学の進化や成果を積み上げる過程で，図19.2の構造もブラッシュアップされていくことを期待したい．

参 考 文 献

Gilley, J. W., S. Eggland and A. Maycunich(2002)：*Principles of Human Resource Development*, Basic Books.

Grainart, W. D.(1998)：『ドイツ職業社会の伝統と変容』(寺田盛紀監訳)，晃洋書房．

Herkner, V. and J. Pahl (eds.)(2010)：*Handbuch Berufliche Fachrichtungen*, W. Bertelsmann Vellag.

田中萬年，戸田勝也(1999)：「エルゴナジー・Ergonagy「職業訓練学」の位置と構造」，『職業能力開発研究』，Vol. 17, pp. 73-115.

吉川裕美子(2017)：「ドイツの産業・社会と専門職業教育」，『技能と技術』，Vol. 52, pp. 41-48.

索　引

[英数字]

2E　111
4Mデータ　129
AI（人工知能）　6, 9
AR（Augmented Reality）　49
AR溶接技能訓練システム　51
CD（Career Development）　134, 136
HRD（Human Resource Development）　134, 136
ICT　2
IE（Industrial Engineering）　11, 16
IoT　2, 55
KH Coder　47
Kinect　121
M-GTA（修正版グラウンデッド・セオリー・アプローチ）　111, 112
MI理論　112, 113, 116
Polytechnic Science　138
RTI（Response to Intervention）　113
SCAT法　28
TVET（Technical Vocational Education and Training）　134, 136
vocational training　133
VR（Virtual Reality）　49
VR，AR技術を用いた職業教育訓練　49, 51
WSSS（技能標準仕様）　25

[ア　行]

アコースティックエミッション（AE）　99
暗黙知　17, 24
インクルーシブ教育　113
インダストリー4.0　55
インプロセスモニタリング法　100
ウッドセラミックス　90
エコマテリアル　88
エルゴナジー　135

[カ　行]

科学　4
学習支援システム　111, 116
拡張現実　49
仮想現実　49
画像処理技術　118
ガラス製造　81
カン・コツの見える化　14, 16
環境効率　88
義肢　62
　　──装具士　62, 64
技術　4
技能　4
技能競技大会　57
技能五輪　25
技能伝承　35, 67
技能標準仕様　25
逆解析　107
逆問題　107
切り屑の生成機構　99
形式知　67, 68, 70
言語プロトコル　28
顕微鏡　82
工学　5
光学　84
工具開発　77
工程分析　12, 16

[サ　行]

サーブリッグ法　13
採寸・採型　63
材料開発　75
作業標準時間　37
作業分解　70
時間研究　15
実験モード解析　105, 106
質的研究法　27
習熟過程　39
習熟曲線　36
習熟係数　36
習熟率　36
習得過程　35
周波数応答関数　106

守破離 118
順解析 106
省力化 77
職業教育訓練のスピード化 54
職業訓練学 135
職業訓練の発展モデル 135
職業的専攻 136
職業能力の体系 44
職種定義 25
人工物の科学 5, 19
人材育成 44
身体性認知科学 19, 21, 24
心理統計尺度 113
スーパーサーフェイサー 97
スキルベースの行動 7
スポーツバイオメカニクス 120
生産性 2
絶縁被覆 75, 76, 77
切削面性状 97
接続 75, 76
繊維強化プラスチック 87
装具 62
ソケット 63, 64

［タ 行］

第4次産業革命 2, 128
対数線形モデル 36, 38
打音検査 103, 104
知識ベースの行動 7
低負荷循環型エコマテリアル 89
定量化 67, 68, 69, 70
データサイエンス人材育成 130
データプロファイル標準化 129
テキストマイニング 46
デジタルファブリケーション技術 65
鉄筋工事実習用教材 53
電気工事 73, 74
電気設備 73
動作分析 12, 16

［ナ 行］

人間科学 17
認知科学 18
認知負荷 32

能力評価 44

［ハ 行］

発達障害 111
パラメータ設計 40
ビッグデータ 125
　――利活用技術者 126
評価のライフサイクル 25, 26
標準作業 16
標準時間 11, 16
平鉋 96
平削り加工 95
フィルタ理論 107
復元作用素 108
複合材料 87
福祉工学 61
フライス加工 21
プレハブケーブル 78
望遠鏡 82

［マ 行］

マクロフロー 46
マハラノビス距離 70
ミクロフロー 46
メカトロニクス 55
メガネ 81
メンタルモデル 71
モーションキャプチャー技術 118
モデリング 67

［ヤ 行］

有限要素応力解析 65
予知保全サービス 129

［ラ 行］

ラスムッセン（Rasmussen） 21
ルールベースの行動 7
レーザー干渉計測光学技術 84
連鎖構造 45
レンズ研磨加工技能 81
レンズ製造技術 83
ロボット競技大会 57
ロボット分野人材育成 131

職業能力開発総合大学校について

　職業能力開発総合大学校（職業大）は，わが国の職業訓練指導員（愛称：テクノインストラクター）の養成と職業能力開発の調査研究をミッションとして，1961（昭和36）年に設立された厚生労働省が所管する大学校です．職業大は職業訓練大学校（訓大）の名称で呼ばれた時代を経て，1999（平成11）年に現在の職業能力開発総合大学校に名称を変更し，時代の変遷と産業構造の変化に対応すべく，教育訓練の課程も改変してきました．現在は学士（生産技術）の学位を取得できる大学の学部に相当する総合課程と時代の要請に応える指導員を養成するための長期養成課程などに大別されて教育研究が展開されています．長期養成課程には修士課程に相当する研究学域が設置されており，修士（生産工学）の学位を取得できます．

　職業大の教員の多くは，工学系の博士の学位をもつとともに，ものづくりの優れた技能をもっています．わが国には技能の発展と伝承のために，厚生労働省が主催する競技大会として，若年者ものづくり競技大会，技能グランプリ大会，技能五輪全国大会があります．また，世界の国々の卓越した技能者の競技大会として技能五輪国際大会がありますが，職業大の多くの教員がこれらの競技大会に技術委員長，技術代表や競技委員などで参画しており，職業大の技能教育や技能研究がこうした競技大会にも活かされています．

　職業大の英文名称はPolytechnic University（ポリテクニク・ユニバーシティ：愛称PTU）です．ポリテクニクを用いるには，キャリア（専門的職業）重視の教育研究を行う必要があることは欧米では広く知られており，職業大が行う教育研究として，この考え方を踏襲するなかで技能科学が誕生しました．そして，職業大が技能科学のCOE（Center of Excellence）として技能科学を発信していくことを目的に技能科学研究会の活動が始まったところです．

技能科学入門
ものづくりの技能を科学する

2018 年 2 月 26 日　第 1 刷発行
2019 年 2 月 8 日　第 2 刷発行

編　者　PTU 技能科学研究会
発行人　戸羽　節文

発行所　株式会社　日科技連出版社
〒151-0051　東京都渋谷区千駄ケ谷 5-15-5
DS ビル
電　話　出版　03-5379-1244
　　　　営業　03-5379-1238

検印省略

Printed in Japan

印刷・製本　東港出版印刷株式会社

© Takao Enkawa et al. 2018
ISBN978-4-8171-9640-8
URL http://www.juse-p.co.jp/

本書の全部または一部を無断で複写複製(コピー)することは，著作権法上での例外を除き，禁じられています。